食べることをどう考えるのか

現代を生きる食の倫理

橋本 直樹 著

筑波書房

はじめに　食べることをどう考えるのか

人は何かを考えて食べる。例えば、正月にはよい年であるようにと願いを込めてお雑煮やおせち料理を食べる。ヒンズー教徒は神聖なる牛を殺して食べるのは大罪だと考えているし、イスラム教徒は神の教えを守って豚を食べない。人間は食欲の命ずるままに餌を食べる動物とは違うのである。

古代の人々は食べ物を神様からの賜りものと信じて大切に食べていた。そして、中世ヨーロッパの人々は食べたいという欲望を我慢して断食、節食をすれば、神にすべての罪を許されると考えていた。おいしい料理を楽しむ美食の願望が生まれたのは、近世になって食べるものに余裕ができてからである。

現在は人類がかつて経験したことがない豊かな食事ができる豊食の時代である。我が国を例にすれば、スーパーマーケットには全国各地の食材、海外から輸入した食料が溢れていて、家庭の食卓には日替わりで和風料理、洋風料理、中華風料理が出てくる。調理をしなくてもすぐに食べられる即席食品や調理済み総菜があり、外食店も手軽に利用できる。

しかし、人々はこのように恵まれた食生活をどのように考えて享受しているのであろうか。表面的には豊かに見える食生活の裏では、このまま見過ごしにはできない心配なことが起きているのである。まず、食料が国内で自給できなくなり、足りない食料を大量に海外から輸入しなくてはならなくなったことである。発展途上国には飢餓や栄養不足で苦しんでいる人が10億人もいるのに、私たちは有り余る食料の3割を使い残し、食べ残して無駄に捨てている。家族で食卓を囲んで楽しく食事をすることは忙しい生活の片隅に追いやられ、加工食品や外食に頼るなど他人任せの食事をすることが多い。中高年者は有り余る食べ物を欲しいだけ食べてメタボ肥満になり、生活習慣病に苦しむようになった。若者は不規則な食生活をして栄養不足になることが多い。

なぜ、このようなことになったのか。この数十年のことに限って言えば、食べ物は空腹を満たし、栄養を摂ることができればよいものと考えてきたからである。食料が足りなければ無理をして国内で生産するよりも、海外から安く買えばよいと安易に考えてきたからではないか。食料を生産している農家や漁業者の苦労に感謝し、無駄なく大切に食べようとする心がけがあったであろうか。食べるものは、おいしければよい、安ければよい、食べることは便利に済ませればよいと考え、家庭で料理をして家族一緒に食べることを煩わしいと考え、疎かにするようになったのではないだろうか。食べるものがあまりにも豊かになったので、食べることを大切に考える心が失われているのである。

私たち人類は農耕、牧畜生活を始めた遠い昔から、絶えず食料不足に悩まされ、食べることに苦労してきたから、食べものを何よりも大切なものと考えて、特別の祈りや感謝の心をこめて食べてきた。しかし、かつて経験したことがないほどに食べものが豊かになった今日、私たちは食べることに何を期待し、何を考えて食べればよいのであろうか。食生活があまりにも豊かに、便利に、そして多様になり過ぎたために、私たちはそれをどのように享受してよいのか、分らないのである。現代社会において、食べるということには空腹を満たし、栄養を摂ること以外に、どのような文化的あるいは社会的な意味や役割を期待すればよいのであろうか。

私たち日本人は、今は豊かで便利ではあるが、将来のことを考えると不安なことの多い食生活を、どのように考えて過ごせばよいのであろうか。私たちの先祖は、どのようなことを考えて乏しい食生活に耐えて来たのか。古今東西の人々が食べるという行為に託してきた願いや役割、つまり、食べるということに関する思想の歴史を参考にして、現在の食生活を見直してみることにしよう。

目次

第1部　食べることを工夫して人類は進歩した

――それは料理をすることから始まった

1　人類は料理をすることを覚えて進化した

私たちはどこから来たのか？　私たち人類の先祖であると考えられている初期人類（原人、または旧人ともいう）、ホモ・ハビリスやホモ・エレクトスなどが地球上に現れたのは約２５０万年前のことである。私たち現人類、ホモ・サピエンスが誕生したのは、ずっと遅れて約20万年前であるが、その頃に生存していたホモ・ネアンデルターレンシス、ホモ・ハイデルベルゲンシス、ホモ・フローレシエンシス、ホモ・デニソワなどのヒト属初期人類はどれも2万年ほど前に絶滅してしまった。なぜ、現人類、ホモ・サピエンスだけが生存競争に打ち勝って、現在も繁栄を極めているのであろうか。

人類の起源や進化を研究する文化人類学の最新の学説では、現人類が料理をすることにより脳を大きく発達させたからだと説明している。この新しい学説は、提唱者であるハーバード大学の人類学者、リチャード・ランガム教授が著書『Catching Fire（日本語訳　火の賜物、２０１０年）』に詳しく説明している。彼の説明によれば、人類は肉食をすることを始め、火を使って料理をすることを覚えたことで、高度の思考能力と複雑な言語能力が獲得できたのだというのである。火を使って料理をするという何でもない行為が、どうして人類の偉大な繁栄に繋がったのであろうか、その道筋を追って考えてみよう。

最も早い時期に現れたヒト属人類、ホモ・ハビリスは、外見は類人猿そっくりではあるが、類人猿より2倍も大きい脳を持ち、二足歩行をして、石か棍棒を使って野生の小動物を殺して食べていたらしい。彼らより先に生息していた猿人、アウストラロピテクスが肉食をしていた証拠はなく、チンパンジーなど類人猿はリス、ムササビなど小動物を捕えて食べることがあるが、通常は木の実や果実を食べて過ごしている。動物の肉は栄養が豊富で、木の葉や果実などの4～20倍のカロリーがある。肉にはタンパク質と脂肪が多いから、体に筋肉を付けるのに役立つ。人類の体が大きくなった原因の一つは肉食をするようになったからだと言われている。

肉食をしていなかった猿人、アウストラロピテクスの身長は１２０㎝ぐらいであったが、日常的に肉食をするようになったホモ・エレクトスは約１８０㎝と大柄で、力も強く大型獣と闘うこともできた。人類が投げ槍や弓矢を使い、大型獣を殺すことができるようになるのは約20万年前のことである。その頃は、大規模な寒冷、乾燥化が地球を襲った大氷河時代であった。熱帯雨林が縮小し、類人猿が常食にしていた果実、根茎類などは少なくなってきたが、狩りをして大型獣を捕えることができたホモ・エレクトスはアフリカから遠くユーラシアにまで移動することができた。草食動物は生存地域がその地の植生によって制約されるが、肉食動物は獲物を追って移動することができる。人類は肉食を始めたことでより広い地域に生存できるようになったのである。

ホモ・ハビリスは小動物の肉を食べていたが、火を使っていた形跡はない。火を使って食物を調理することを覚えたのはホモ・ハビリスの次に現れたホモ・エレクトスであった。彼らは約２００万年前にアフリカに現れ、その後、ユーラシアの各地に移動して約15万年前まで生存していた。南アフリカで発見された１５０万年前から１００万年前の彼らの住居遺跡には、高温で焼かれた動物の骨や土などが発見される。火は太古の昔から偶発的に地上に現れた。火山の噴火は大規模な山火事を引き起こし、枯れた草木は風で擦れて自然に発火する。しかし、山火事の後に燃え残った倒木から残り火を探すことを覚えたのは人類だけであった。

火が人類の進化にもたらした恩恵は非常に大きい。焚火をすれば夜の寒さ、暗さ、危険な動物の襲撃から身を守ることができ、猛獣に襲われるのを恐れて樹上で寝なくても草原で安心して眠れるようになった。焚火をして暖を取るようになれば、寒さを防ぐ長い体毛が不要になる。すると、暑いサバンナで、汗をかかずに獲物を長時間追いかけて捕えることができるようになった。約30万年前には、ホモ・エレクトス、ホモ・ネアンデルターレンシス（ネアンデルタール人）そして、私たち、ホモ・サピエンスは日常的に火を使うようになっていたと考えてよい。

ところで、火の最大の恩恵は食べ物を加熱、調理することができることなのである。食べ物に火を通すことにより、硬いものを柔らかくして噛み切りやすく、消化をよくすることができる。チンパンジーは消化の悪い生の餌を１日、５時間も噛んでいなければならないが、人類は火で調理したものを食べるから1時間で咀嚼できる。ホモ・エレクトスが硬い生肉を噛み切れる大きな顎や鋭い歯を持っていないのは、火を使って焼くか、炙った柔らかいものを食べていたからだと考えてよい。同じ食べ物であっても加熱調理して食べれば、消化が良いからより多くのエネルギーを摂取できる。火を使って調理することを始めた種族はより多くの食物エネルギーを獲得して生き残り、より多くの子孫を残すことができたであろう。火を使って調理をするようになってから、人類はそれ以前よりも多くの種類の食べ物を食べられるようになり、しかもそれを効率よく消化して多くのエネルギーを得ることができるようになった。そして、余ったエネルギーを使って脳を発達させて、優れた知的能力を獲得することになるのである。人類の歯、顎、胃、小腸、大腸などはチンパンジーなどに比べればはるかに小さいが、それは火を使って調理した柔らかい食物に適応して進化した結果であると考えてよい。

大きな消化器官を使って長時間の消化、吸収活動を行うことは多くのエネルギーを消費するから、消化器官が小さいものが生物学的に有利である。自然淘汰は消化器官が小さい初期人類に有利に働いたに違いない。人の体格はチンパンジーより大きいが、口、顎、歯が小さく、消化器官も小さくなっているのは、料理した食べ物の柔らかさ、消化しやすさにうまく適応した結果である。チンパンジーやゴリラ、そして猿人、アウストラロピテクスが食べていたものは消化の悪い生の餌であったから、消化器官が大きく発達していた。肉食動物は生肉を胃の強力な消化液で分解し消化することができるから、消化器官が類人猿に比べて小さい。対照的に、人類は動物の骨をかみ砕いたり、肉を食いちぎったりする力も弱く、生肉や腐肉を消化できるほどに強力な消化液も持たず、草食動物のように大きく発達した胃や腸も持っていない。人類は動物性の食物でも、植物性の食物でも、すべて火を使って調理をして柔らかく、消化をよくしたものを食べるように進化しているのである。

繰り返しになるが、人類が脳を大きく発達させることができたのは、火を使って調理をすることを覚えて、食べものの消化、吸収に多くのエネルギーを使わなくて済むようになったからである。私たちの脳の重さは体重の2％しかないのに、一日に必要な基礎代謝エネルギーの20％を消費する。脳の神経細胞は私たちが起きていようと寝ていようと絶えず活動しているので、多量のエネルギーを消費する。だから、脳を発達させるためには、脳に多量のエネルギーを安定的に供給しなければならない。ところが、草食をしている大型類人猿は一日数十kgの木の葉や草を分解、消化するために大きな消化器官をほぼ一日中活動させていなければならないから、大量のエネルギーを消費してしまい、脳に多くのエネルギーを供給する余裕がない。人類は火を使って調理することにより食べやすく、消化しやすくして食べるから、消化器官が小さくて済み、脳により多くのエネルギーを供給する余裕が生まれたのである。消化器官が小さくなればなるほど、脳に供給できるエネルギーが増えるのである。

初期人類の脳が大きく発達した時期は、最初はホモ・ハビリスが現れた時であり、次はホモ・エレクトスが現れた時であるが、それは人類が肉食を始めた時期と、火を使って調理を始めた時期とに一致する。チンパンジーの脳容量は約４００㎤、アウストラロピテクスは約４５０㎤であり、それほど

第１図　ヒト属人類の発生と消滅の時期

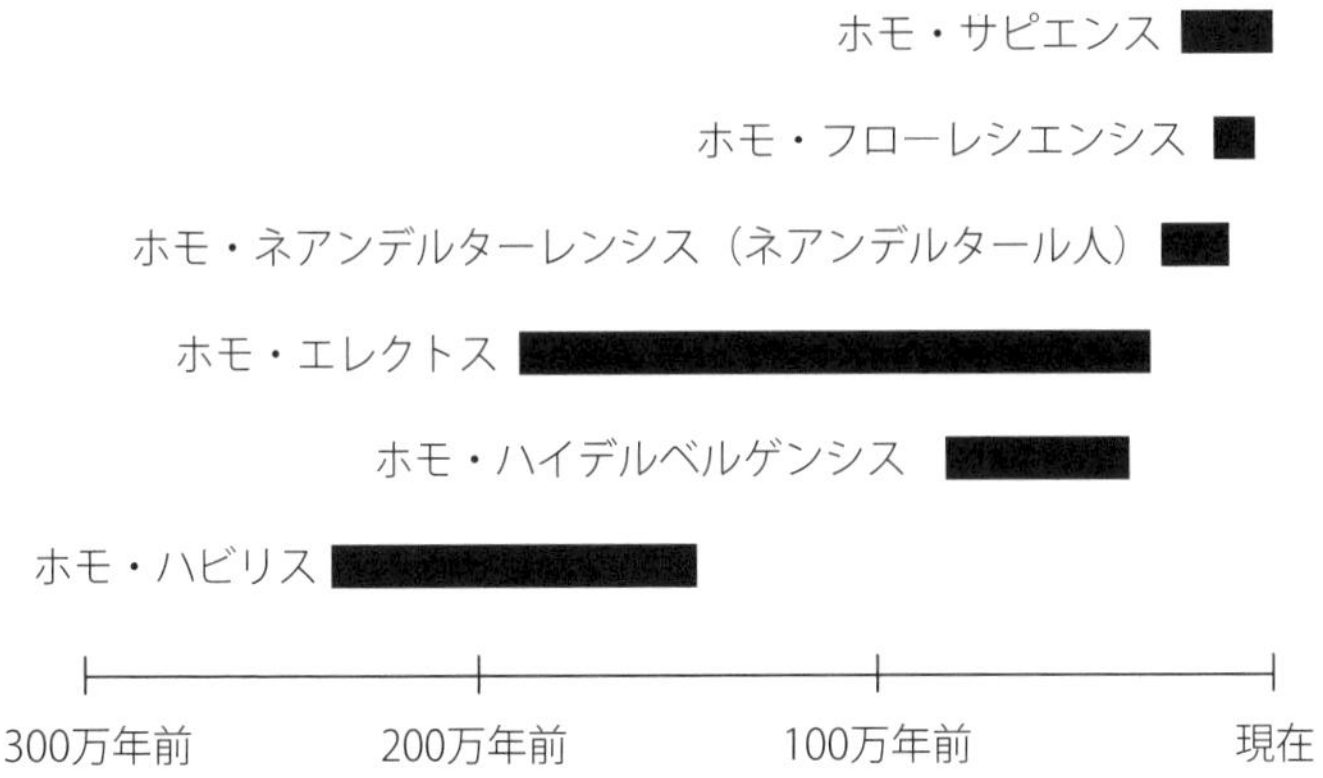

＊ヒト属は哺乳類霊長目（サル目）ヒト科の属のひとつである。

ルース・ドフリース著　食糧と人類　小川敏子訳、日本経済新聞出版社、2016年より転載

第２図　人類の脳容積の増加

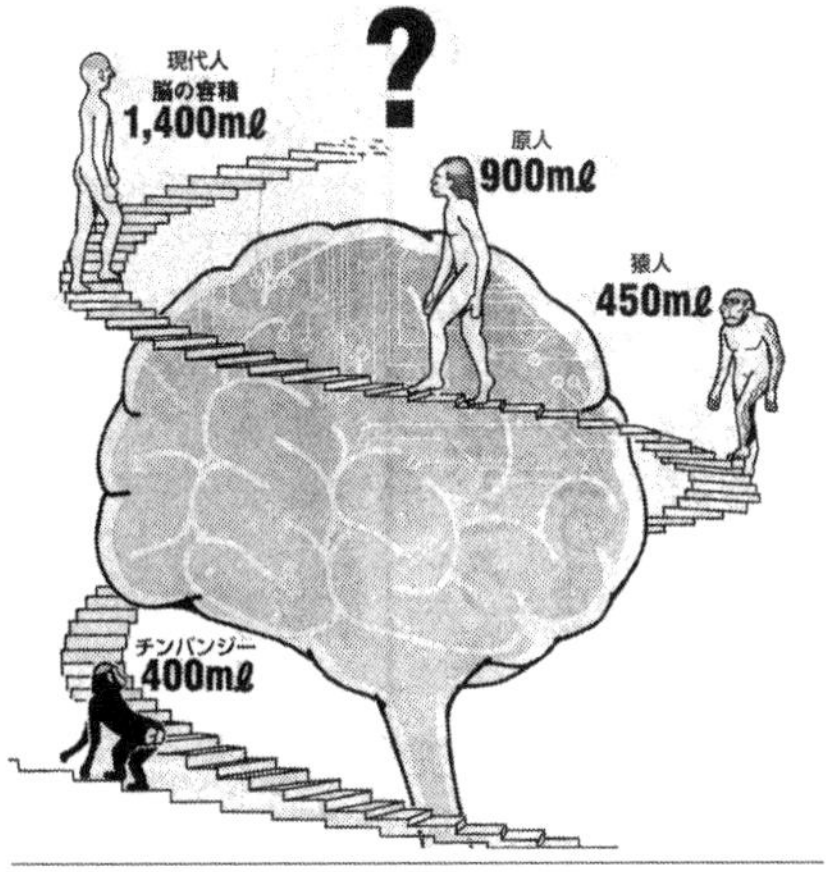

国立科学博物館の資料から

変わらないが、肉食を始めたホモ・ハビリスの脳容積は約６１２㎤に拡大している。更にホモ・エレクトスの脳容積が約９５０㎤にまで大きくなっているのは、火を使って料理したものを食べるようになったからであると説明できる。

火で調理することには、人類の脳を発達させただけではなく、人類の社会性を発達させる効果もあった。火を使って調理することが人類の偉大な発明の一つとされているのは、食べ物を変質させただけではなく、社会をも変容させたからである。火を使って生の食べ物を調理することを覚えたときから人類の社会が始まったと言ってよい。人々は焚火の周りに集まり、一緒に食事をするようになったので、そこが人々の結びつきの場となった。調理とは、単に食べ物を煮炊きする方法ではなく、決まった時間に集団で食事をすることを中心にして社会を形成する方法でもあったのである。

仲間と一緒に食事をするようになると、人類の脳は更に大きくなる。80万年前のホモ・ハイデルベルゲンシスの脳容積は約１２００㎤、私たちホモ・サピエンスのそれは約１４００㎤である。この時期に脳が更に大きく発達したことは、人類の個体数が増えて、より大きな集団で暮らすようになったことと関係がある。見知らぬ人々がいる大きな集団で暮らすには、脳を更に進化させて情報処理能力を高め、言葉を組み合わせて複雑なコミュニケーションをすることが必要になるからである。

2　仲間と一緒に食べることが社会の始まり

人間は「共食」をする唯一の動物であると言われているが、食べ物を仲間と一緒に食べる習慣はずっと早くから始まっていた。原始の時代、人類は体力的に弱い動物であったから、仲間と協力して狩りをしなければ獲物を捕えることができなかった。そこで、捕えた獲物の肉を協力してくれた仲間と分け合って食べるようになったのであろう。食べ物を分け与えることにより家族に愛情を示し、仲間をまとめることもできる。さらに、火を使って調理することを覚え、火を囲んで家族や仲間と一緒に食事をするようになるとコミュニケーション能力、つまり社会性が一挙に発達することになる。

火の回りに集まって一緒に食事をし、寄り集まって眠るためには、仲間と仲良くしなければならない。仲間に入れてもらわなければ、食べ物の分配にありつくことができないから生きていけない。そこで、協調性のある個体が仲間に受け入れられ、次世代により多くの遺伝子を伝えることができたであろう。人類は互いに見つめ合っても冷静でいられる能力が発達し、相手の気持ちを察することがうまくなったはずである。つまり、料理をして仲間と一緒に食べるという行為を通じて、集団生活に必要な能力を獲得したと言ってよい。対面コミュニケーションは類人猿もするが、人間には白目があるので相手の視線の僅かな動きをとらえやすく、相手の気持ちを素早く読み取れるのである。こうした社会性の発達は複雑な言語能力の発達と共に、ホモ・ハビリスからホモ・エレクトスへ、さらにホモ・サピエンスへと脳をさらに大きく進化させる力となったのであろう。

人類の脳の大きさは、所属する集団の人数に比例するという。集団の構成人数が多くなると社会が複雑になり、脳がそれに対応して発達するからである。集団の大きさが150人ぐらいに増えた60万年前には、人類の脳は現代人とほぼ同じ大きさになっていたと考えられる。150人と言えば、私たちが顔と名前を覚えて付き合っている人の数とほぼ同じである。しかし、集団の人数がさらに大きくなると、身の回りの仲間だけではなく、未知の人とも仲良くできる言語能力が必要になる。現人類、ホモ・サピエンスも、20万年前にはネアンデルタール人などと同様に、現実に見ている事象を仲間に伝えるだけの言語しか話せなかったに違いない。しかし、7万年前ごろになると、現人類だけが脳細胞や脳神経を更に発達させて言語能力を高め、過去の経験や想像した事柄を語ることができるようになったらしい。かくして、ホモ・サピエンスは、それまでの経験を持ち寄って農耕、牧畜をすることを考えついたのであり、豊かな稔りを与えてくれる豊穣の神という空想上の権威を祭ることで多くの人々を取りまとめ、古代祭祀国家を誕生させることができたのである。

その後、現在に至るまでの人類の偉大なる発展は、すべて原始のこの時期にホモ・サピエンスの頭脳に生まれた高度の認知、思考能力と、見知らぬ人とも意思疎通が自由にできる言語能力に発していると言ってよい。現人類が、ホモ・サピエンス、賢い人と呼ばれる由縁である。もっとも、このような脳機能の革命的進化がホモ・サピエンスにだけ起きて、ほぼ同時期に生存していたその他の初期人類には起きなかったのか、その違いは今のところ説明できていない。おそらく遺伝子に偶然に起きたごく小さな変異によるものであろうが、ここではその原因を追究するよりも、その結果を評価すればよいのである。進化論を提唱したチャールズ・ダーウィンが「料理をすることは言語を使うことと共に人類が生み出した最大の発明」と指摘しているように、人類は食べ物を生のままではなく、火を使って調理して食べるようになったことで脳機能が進化、複雑化して、高度な社会性と思考能力を手に入れて今日の文明社会を築くことができたのである。

火を使って調理することを覚えるまでは、食事は必ずしも共同体を形成するのに必要な行為ではなかった。猟は集団で行うが、得られた獲物は解体して分配し、一人で食べていたのであろう。だが、獲物の肉を火を使って調理することを始めてからは、仲間が集まって調理をし、一緒に食べるようになった。焚火の周りは人々の親睦や儀式の場となり、社会的な結びつきの場になった。火を熾す時間に集まって食事を共にすることから、社会が始まったのである。

更に、肉や穀物を調理して食べることを始めてから、人間の社会に男女の分業が始まり、家族が生まれたのだと考えることもできる。ここで述べる男女の分業とは、男女が異なるやり方で食物を調達するということであるが、それは現人類が地球全体に広がるはるか前から始まっていたと考えられる。「火の賜物」の著者、ハーバード大学のリチャード・ランガム教授は、その原始的形態がタンザニア北部の森林地帯で今も狩猟採取で暮らしているハッザ族の生活において観察できると報告している。

ハッザ族の女たちは朝の食事が終わると、土を掘る棒を持って数キロメートル先までエクワの採集に向かう。エクワとは一年を通じて彼らが主食にしている根茎植物である。男たちは数人が組になって弓と矢を持ち、犬を連れて狩りに出る。集落に残るのは子供たちの面倒をみる年配の女性たちだけである。女たちは一人15kgほどのエクワが採取できれば午後の早いうちに集落に戻り、火を熾してエクワを焼き、男たちが獲物を持って帰ってくるのを待つ。男たちが持ち帰った獲物は肉を切り分けて集落全員に分配され、やがて家族の小屋ごとに肉を焼いて食事が始まる。

ここでは男女がそれぞれ別の方法で探してきた食料を持ち寄り、それを女性が料理して男女一緒に食べるという分業が行われているのである。人間以外の動物では、雄と雌が探してくる食物はほとんど同じものであり、また探してきた食べ物を交換したり、分け合ったりすることはしない。しかし、人間は男女のそれぞれが自分で手に入れた食物だけではなく、パートナーが見つけたものも一緒に食べるのである。テナガザルやゴリラなどの類人猿も雄と雌が協力して子供を育てるが、父親サルと母親サルがお互いに食べ物を与え合うことはしない。

食べることについてこのような男女の役割分担はどのようにして発生したのであろうか。原始的な狩猟採集民族の生活を調べてみると、狩りをして獲物を獲ってくるのはたいてい男性である。体格が小さく力の弱い女性は狩猟をして獲物を獲るのが難しいから、体格が大きく体力に勝る男性が狩りをして得た獲物の肉を分けてもらい、お返しに野山で拾い集めてきた木の実や芋などを男性に与え、家族で一緒に食べるという習慣が生まれたのであろう。しかし、それらの食物をすべて生のまま食べるのであったなら、男女の役割分担はうまくいかない。狩りをして集落に帰ってきた男性は夕食が調理されていれば直ちに空腹を満たすことができる。しかし、用意されている夕食がすべて生であり、調理されていなかったら問題が起きる。生の食物を咀嚼、消化するには時間がかかるからである。ヒトが仮に大型類人猿と同じ食物を生で食べるとしたら、1日の活動時間の半分近く、5時間以上を咀嚼するのに費やすことになるであろう。さらにそれを消化するにも多くの時間が必要になるから、睡眠、休息する時間がなくなる。ところが、食べ物が火を使って料理されていれば、咀嚼、消化に使う時間はその5分の1か10分の1で済むのである。

つまり、原始社会では、女性が調理を分担してくれなければ、男性は狩りに専念することができなかった。狩りをするには多くの時間を要し、しかも獲物を捕らえるのに失敗することが多い。食べ物を提供してくれる女性がいたとしても、それがすべて生の食べ物であれば咀嚼し、消化するのに多くに時間を要するから、休息する時間がなくなる。女性が火を使って料理をしてくれることにより、短時間で食事を摂ることができ、そして休息することができるのである。

料理を女性が分担することに注目すると、男女の結婚生活についての新たな解釈が生まれる。妻が料理をして夕食を用意しておれば、夫は家に帰ればすぐに食事ができるから、日が暮れるまで狩りに専念できる。今日でも多くの文化圏において料理はほとんど女性の仕事である。英語の淑女（レディ）という言葉は「パンをこねるもの」からきているのである。ほとんどの動物は食物を見つけると、その場で奪い合って食べてしまうが、人間は獲物を集落に持ち帰り、料理をして家族と一緒に食べる。狩猟あるいは採集をして得たものを一人で食べていた個人的食行動が、家族と一緒に食べるという社会的食行動に変ったのである。これができたのは人類だけであり、そのことによって家族という人間に特有な集団が生まれたのである。ゴリラやチンパンジーも親が子供と一緒に暮らすが、それはごく短い子育ての期間だけである。

調理と食事は集落で行われ、家族が集まり、あるいは集落の全員が集まって食べ物を分ち合う。女性が薪と野菜を集め、男性が肉を持ち帰ってきて、それを女性が料理して、全員が火の回りに集まって座り一緒に食べるように変わった。料理を始めた頃の人類の生活様式はほとんどわからないので、個人ごとの自給自足の食生活がいつ終わったのかは知りようがないが、男性が食物を獲得し、女性が食事を準備するという分業は、料理を始めたばかりの人類の社会で急速に広がったに違いない。それと共に家族と家庭が形成されることになったのである。

狩猟採集の原始社会における男性は、自分のために料理してくれる相手を見つけなければならない。料理をしてくれる女性がいれば、日中は狩に専念することができるからである。性交渉の相手を見つけることはさほど難しくはなかったであろうが、食事を提供してくれる相手となるとそうはいかない。しかし、なぜ女性は男性のために料理をするようになったのであろうか。女性は、腹を空かした男性が食べ物を盗もうと襲ってくれば防ぐことが難しい。夫がいれば料理した食べ物を他の男性に奪われることがなく、逆に妻がいれば夫は料理した夕食を摂ることができる。夫は妻が食物を盗まれるのを防ぎ、妻はお返しに夫の食事を用意することになったのであろう。

こうした男女の結びつきは男女双方がうまく食べていくために極めて重要であったために、それが結婚という男女関係となり、家族という集団を形成したと考えてよい。動物においても雄が食物を守ること、雌が食物を提供することはあるけれど、それは配偶のシステムが食事のシステムを決めたのであり、その逆ではない。食事のシステムが配偶のシステムと家族の形成に結びついているのはヒトの場合だけなのである。このように食事の支度をする男女の分担がヒトの家族形成を促したという説は人類学の従来の考え方に反する。これまで、人類学者の多くは、結婚を女性がリソースを得る一方で、男性が父系の子孫を得る交換行為であると考えてきた。その見方によれば、性が人間の配偶システムの基礎であり、食物に関する行動はそれに付属するものになる。しかし、女性が食事作りをしなければならない事情がどの原始社会にも共通して観察できることを考えると、食事作りを分担してもらうことは、性的パートナーを得ること以上に、男性を結婚に強く駆り立てる要因になったのであろう。配偶者を求めて家族を作るにも、食事を共にできるということが必要条件であったと考えてよいのである。

3　人類はなぜ農耕と牧畜を始めたのか

人は生きている限りは食べなければならない。ところが、人間が食べるものと食べようとすれば食べられるものとは同じではない。太古の時代から人間は自然界に存在する多くの「食べられるもの」から「日常的に食べるもの」を選んできた。食物とは食べられるもののごく一部なのである。野生の草木、青虫や蛆虫、蟬、蜻蛉、ペットの犬や猫、屋根裏の鼠などは食べようと思えば食べられるかもしれないが、文明国では食べるものに属していない。多くの食べられるものからごく一部の食べるものを選び出す判断はその地域の風土、文化や宗教などによって違うが、いつの時代、どこの地域においても、栄養があり、美味であり、多量に手に入れられるものが選ばれている。自然界に多く存在する食べられるものから日常的に食べる食物を選ぶことは、人類が食べることについて行ったもっとも早い時期の判断であると言える。そして、人類は選び出した「食べるもの」を自分たちの手で生産する農耕、あるいは牧畜を始めるのである。

野生の動物は彼らが生息している地域で得られる食べ物を食べつくすと死んでしまうことが多いが、人間だけは食べ物がなくなれば、新しい土地に移動して食べ物を探すことを繰り返して生存し続けてきた。現人類、ホモ・サピエンスは約20万年前にアフリカに誕生し、狩猟と採集によって食料を調達しながら移動して、およそ6万年前にはユーラシア大陸のほとんどの地域に移り住むようになった。

人類はなぜそのような移動を繰り返したのか、さまざまな仮説が出されているが、はっきりとした答えはまだない。多分、人類の集団が大きくなると、その地域で狩猟採集できる食料ではすぐに不足が生じるであろうから、集団の一部が食料を求めて新しい土地に移動しなくてはならなくなったのであろう。狩猟とは野生動物を狩り、魚介類を獲ることであり、採集とは野生の木の実、果実や芋などを拾い集めることである。狩猟と採集のどちらが主として行われたかはその地域の自然環境によって違うが、ごく大雑把に言って高緯度地帯や中緯度の乾燥地帯では自然の植生が乏しく、そのために野生動物を狩猟して食べることになるが、これに対して低緯度地帯では気候が湿潤で植生が繁茂しているから、木の実や果実、芋などを採集して暮らすことができる。いずれにしても、ある地域における植生の種類や野生動物の生息数は食物連鎖のつながりの中で定まっている。そこに人類が入り込めば、野生動物はすぐに狩りつくされて減少し、木の実や果実もすぐに食いつくしてしまったであろう。だから、人類は食料を求めて絶えず新たな土地に移動しなくてはならなかったのであろう。

しかし、今から2万年ほど前に大陸氷河の後退が始まり、気候が次第に温暖化してくると、寒冷地を好む大型獣は北上して人間の住んでいるところから遠ざかって行った。狩りが困難になると人々は食用にできる植物を探すより選択肢がなくなった。しかし、大きな集団が採集生活で暮らせる土地は限られている、だとすれば、人類は一か所に定住して食料を調達する新しい方法を探さなければならなくなり、そこで考え出された新しい食料調達の方法が農耕と牧畜であった。

食べるものを自分の手で生産することは、過去の知識、経験を活用できる高度の知能と仲間と話し合って協力を求めることができる言語能力を備えていた新人類でなければできない行為であった。古代の農耕や牧畜は集団で分担、協力しなければ行えないことであった。だからこそ、言語能力が未発達で、仲間との協力が思うようにできなかったネアンデルタール人など旧人類は生存競争に敗れて、間もなく絶滅することになったのである。

農耕がいつどこで始まったのか、農耕と牧畜はどちらが先に始まったのか、詳しいことはわかっていない。およそ最後の氷河期が終わった今から1万2000年ほど前に、ユーラシア大陸のいくつかの地域で農耕が始まったようである。農耕の最初のきっかけは食用にできる植物がよく繁茂している場所を囲い込むことであったろう。また食べ棄てた種子から同じ植物が再び芽生えてくることを見つけ、種子を播いて作物を育てることを覚えたのであろう。いずれにせよ、農耕を始めたタイミングは絶妙であった。気候の温暖化により、食用植物、ことに小麦と大麦の栽培可能な地域が、人間が居住している地域にまで広がってきたからである。紀元前5000年ごろまでには、オーストラリアと南極を除くすべての大陸で農耕が行われるようになったと考えられる。

農耕という行為を永続的に続けるために必要なことは、農耕に適した作物を見つけることであり、畑にする肥沃な土地があり、そして作物の栽培に欠かせない水が得やすいことであり、農具と家畜を利用することであった。6000年か7000年前には、すでに家畜に犂を引かせて畑を耕すことが行われている。野生の牛や羊を飼い慣らして家畜として飼育すれば、その肉やミルクを食用にして、その排泄物を畑の肥料にできる。1万2000年前には、山羊が家畜化され、6000年前には馬が家畜になったらしい。農耕をするのに適していない西南アジアの草原では、人間の食べ物にはならない野草を動物に食べさせて、その肉やミルクを食料にする遊牧が始まった。それまで狩猟採集で暮らしてきた人類は農耕と牧畜で食料を生産するように転換したのである。狩猟採集で食料を獲得するのに必要であった広い土地は不要になり、農耕をすればその20～30分の1の土地で食料が安定的に得られた。こうして食物を安定して手に入れることができるようになった人類は、それまでよりもはるかに余裕のある生活を営むことができるようになり、人口が増え始めるのである。

これが農耕、牧畜の始まりである。それは数千年がかりの転換であったが、地球上に人類が現れて以来の300万年、現人類が生まれてからでも20万年という長い年月に比べればほんの一瞬の出来事であったとも言える。野生の植物や動物を選抜して農耕、牧畜に適した作物や家畜を作り出したのは人間の創意工夫である。今日、私たちが食べている作物や家畜の9割以上がこの時期に作物化され、家畜化された。およそ100種類の栽培作物と、14種類の家畜が人の手で改良された。なかでも米、コムギ、トウモロコシ、ジャガイモ、牛、豚、羊、鶏は今でも私たちの食生活になくてはならぬ食料になっている。

農耕の初期には穀物はそれほど便利な食べ物ではなかった。果実や木の実ならばすぐに食べられるが、穀物はそのままでは食べられない。皮をむいたり、粉にしたり、あるいはあく抜きをしなければならないものもある。さらに、煮たり、焼いたりしなければうまく消化、吸収できない。しかし、穀物は収量が多く、保存性がよく、遠くにも運びやすいという大きな長所があった。収量の多い品種が見つかれば、その種子を残しておいて次の年に播けばよい。穀物の多くは1年生植物なのでよい品種を選抜するのにも都合がよかったのである。芋類を栽培する場合は、よく太った芋を残しておいて次の年の種芋にするのであるが、穀物の種子を播くように一度に多くを増やせない。

4　古代文明は農業を始めることから興った

一か所に定住して農耕を始めると、それまでよりも多量の食料を安定して確保できるようになった。とくに穀物は収量が多く、保存性がよくて貯蔵しておけるので、人々は食べるものを探し回ることから解放されて生活に余裕が生まれ、人口が増えて集落が大きくなる。農耕を始める前の紀元前1万年ごろには全世界の人口はわずかに500万人に過ぎなかったが、農耕を始めた紀元前5000年には2000万人、農耕が広まった紀元前1世紀ごろには2億5000万人にも増えていたと推定できる。

人口が増えると、多くの人々が都市に集まって暮らすようになる。都市で仕事をする人々は食べるものを自分の手で生産することを止めて、農耕をする人々が生産してくれる食料を食べることになる。これが農業の始まりである。農耕と農業はよく混同されるが、農耕とは自分が食べる作物を栽培することであり、農業とは他人のために作物を栽培して供給することである。作物の多くは都市から遠く離れた広大な畑で栽培して都市に運ばれてくるから、保存性と運搬性の良いイネ科植物やマメ科植物の種子、つまり穀物が重宝される。穀物は澱粉質に富み、タンパク質も少なくないので栄養価が高く、都市の大きな人口を支える食料にはもっとも適している。動物の肉やミルクは腐敗しやすく、遠くまで運びにくいから、食料の調達は、輸送、保存に便利な穀物を栽培する農業が中心になる。また、余剰に生産された穀物は蓄えておいて国家や都市の財源にすることもできた。古代の国家や都市の生活を支えたのは何と言っても農業であり、牧畜ではなかったのである。

農耕がいたるところに広まると、他の地域で栽培されていた作物が移入されてきて在来の作物と競合することも始まった。黄河、インダス、メソポタミア、エジプトなどいくつかの古代文明を支えた穀物はいずれも外来の穀物であった。黄河文明圏であれば、初期には中国東北部原産のアワやキビが栽培されていたが、後期にははるか遠くの西アジアで生まれたコムギが栽培されるようになった。インダス文明圏の場合も同じであり、栽培されていたのはアフリカ原産の高粱やトウジンビエであった。中国の長江流域に興った長江文明圏だけがその地域原産のイネを栽培していたが、その水田稲作の技術が紀元前数百年ごろ、我が国に伝えられたのである。ヨーロッパでは、8500年ほど前にエーゲ海沿岸に、6000年前にイギリス諸島に農耕技術が伝えられた。そこでは西アジア原産の麦と豆の栽培、それに羊や山羊の牧畜が始まり、やがて、ローマ帝国がその版図をアルプスの北側に広げるに伴い、エンドウ、カブ、キャベツ、ブドウなどの栽培が広まったのである。

人類が狩猟、採取の生活を止めて原始的な農耕を始め、定住生活を始めたのはどの地域でも紀元前7000年ごろと考えられている。そして紀元前4000年ごろになると、農具を使って耕地を広げ、水路を掘って川の水を灌漑して穀物を栽培する本格的な農業が始まる。メソポタミアやエジプトではオオムギやコムギ、インドと中国南部ではイネ、中国北部ではキビやアワを栽培した。これら多量に収穫できる穀物を貯蔵しておけば1年中の食料にできるから、食べ物を探す心配がなくなる。それによって生活に余裕ができるから人口が増えて大集落が出現し、やがてクニになり、そこを支配する王と豪族、神官、農民、奴隷などの社会階層が分かれて古代王国が誕生するのである。農業の登場によって、自分の食料は自分で生産しなければならないという制約から解放された人類は、次々と新しい生業、産業を生み出していくのである。農耕を始めたお蔭で人類は繁栄と進歩への道を歩み出すことができたのである。まさに農耕が文明を興したと言ってよい。

古代文明はどこでも大河の流域で農耕を始めることから興った。そこには洪水で上流から運ばれてくる肥えた土壌が堆積していて、水の便もよく、穀物がよく栽培できたからである。西アジアではチグリス川とユーフラテス川に囲まれた三日月地帯に紀元前３５００年ごろからメソポタミア文明が興り、少し遅れてアフリカのナイル川流域にエジプト文明が生まれた。紀元前２５００年ごろにはインドでインダス河流域にインダス文明が興った。中国の黄河や長江の中流に古代文明が始まったのも紀元前４０００年ごろである。これら古代王国が成立するには食料についての三つの条件が揃うことが必要であった。まず農民が自分たちが食べるより多くの食料を生産できること、二つ目はその余剰食料を遠くまで安全に運搬して、長期間保存しておけること、そして三つ目はその余剰食料を使って交易が行えることである。古代の都市文明は農業により住民の食料を安定して確保し、余った食料を交易することで築かれたのである。

古代ローマ帝国の広大な版図はヨーロッパ、中央アジア、北アフリカの小麦地帯をカバーしていた。ローマが消費する小麦の３分の１は約１６００㎞も離れた属領のエジプトから運ばれていたのである。ローマ本国には属領から運ばれてきた小麦を保存しておく巨大な貯蔵庫がいくつも整備されていた。ローマ文明の繁栄も食料の安定確保なしにはなかったのであり、そして、ローマ文明が衰退する大きな原因になったのも、十分な食料が確保できなくなったことであった。属領の小麦畑は酷使されて生産力を失い、輸送道路の治安が失われてローマへの食料輸送が途切れると、都市には猛烈な飢餓が訪れた。紀元４１０年、西ゴート族がローマに侵攻してきたとき、飢えに苦しんでいたローマは僅か数週間で陥落したのである。そして、ローマ帝国が滅亡すると、ヨーロッパの古代文明は一挙に衰退して、その後、再び繁栄するまでに数世紀を要することになった。

5 日本の文明を興したのは水田稲作

日本列島に人類が現れたのは約３万年前ごろかと考えられている。その頃はまだ氷河期であったので海水面が今よりずっと低く、宗谷海峡も対馬海峡も陸地同然になっていた。彼らは獲物を求めてシベリアから北海道に、あるいは朝鮮半島から狭い海峡を渡って九州に移動してきたらしい。彼ら、旧石器人の生活遺跡からは調理に用いたとみられる焼けた礫、焚火の痕跡である焼け土、大型獣の骨が見つかる。おそらく、剥離石器を槍先につけた投げ槍でマンモス、ナウマンゾウ、ヘラジカ、オオツノジカなどを狩り、包丁代わりの石器で肉を切り分け、焚火で焼くか炙るかして食べていたと考えられる。

やがて約1万年前に最後の氷河期が終わると、気候が急速に温暖になり日本列島の地形と生態系は大きく変化する。まず、海面が大きく上昇したので、海が陸地に複雑に入り込む複雑な地形になった。寒冷な気候で繁茂していた針葉樹林は後退し、それまで九州南部から奄美諸島など暖地に生えていたアカガシやシイなどの常緑照葉樹林が西日本一帯に北上し、東日本にも温暖性のブナ、ナラ、クヌギ、カシワなどの落葉広葉樹が繁茂するようになった。草原が森林に変わると、ナウマンゾウやオオツノジカなどの大型獣は絶滅し、ニホンシカやイノシシが現れた。

この時代に登場した縄文人は照葉樹林、広葉樹林に豊富なドングリ、クリ、クルミ、トチ、シイなどの木の実、山草、きのこを採取し、シカ、イノシシ、ウサギなどの小動物、キジ、カモ、ハト、カラスなどの野鳥を弓矢で捕獲して食料にした。複雑に入り込んだ内湾や河川ではサケ、マス、アジ、タイ、スズキ、イワシ、フナ、コイ、などの魚、ハマグリ、アサリ、カキ、サザエ、シジミ、タニシなどの貝が豊富に採れた。多量に手に入れた木の実や魚介類を貯蔵しておいて、食べ物の少ない季節に備えることもあったらしい。各地に残っている貝塚の遺跡などに捨てられている魚の骨、貝殻、木の実の殻などから彼らの食生活を推定すると、当時の日本列島は自然の恵みの宝庫であったらしい。狩猟採集で暮らす縄文時代は約1万年続いたのであるが、最後まで農耕らしい農耕は行われることがなかった。農耕をすることで世界の四大文明がいっせいに興った紀元前4000年ごろは、わが国ではまだ縄文時代であり、狩猟、採集の生活が続いていたのである。日本列島においては複雑な地形と豊かな生態系がもたらす自然の恵みが人々の暮らしを支えるのに十分だったために、農耕を始めなかったのである。

しかし、縄文人の恵まれた食生活がいつまでも続くことはなかった。紀元前数百年、縄文晩期には気候が徐々に寒くなって植物の生態系が変わり、山野で採取できる食料が少なくなったのであろう。人口が減少し集落の規模がにわかに小さくなった。今から二千数百年前、それまでの狩猟採集に頼る生活では食料が不足し始めたころ、中国大陸から稲作の技術を携えて、多数の渡来人が移住してきた。稲は高温で雨の多い日本の気候に適した作物であったから、水田稲作が数百年かからないうちに全国に広がり、それ以来米が日本人の主食になったのである。伝来した稲の原生地は中国大陸、長江の中、下流域であり、そこでは早くも7000年前から水田稲作が行われていた。この水田稲作の技術が山東半島から朝鮮半島西海岸に伝わり、あるいは山東半島から遼東半島、朝鮮半島を経由して、我が国の九州に伝えられたと考えられている。日本で最も古い灌漑水田跡は紀元前5世紀、約2500年前の福岡市板付遺跡、野多目遺跡であり、鋤、鍬などの木製農具、穂摘みをする石包丁などが出土する。そこには4アール規模の長方形の水田がいくつも広がっていて、田植えをしていたらしい形跡も残っている。

九州北部で始まった灌漑稲作はその後どのように東北にまで伝えられたのであろうか。2、300年後の弥生前期末には中国、近畿地方に広大な水田が現れるが、台地が多くて灌漑しにくい関東、東北地方に稲作が広まるのは、紀元前後の弥生中期から後期であったと考えられる。この頃の水田跡が青森県の砂沢遺跡や垂柳遺跡で発見されているので、水田稲作が九州から本州北端にまで伝わるには約500年を要したらしい。

稲は収量の良い作物であり、当時でも1株に2百粒ぐらい稔り、反当たり数十kgの米が収穫できたらしく、しかも毎年同じ田に連作しても収量が減少することがない。栄養価に富み、貯蔵性もよく、美味である。稲という優れた穀物を得たことにより、わが国は僅か数百年のうちに狩猟採集で暮らしていた縄文時代から弥生時代という農耕社会に移行することができた。狩猟採集だけでは食料が不足し始めた縄文末期の人口は8万人弱であったが、農耕を始めて食料が豊かになると60万人程度に増加した。人口が増えると集落が大きくなって各地に豪族が支配するクニが分立するようになる。かくして、紀元4世紀になると西日本、畿内のクニを統合して大和王権という古代国家が成立したのである。

一口に農耕といっても栽培する作物の種類やその土地の気象条件によって、大きな違いがあるが、世界のいずれの地域でも農耕によって穀物が安定して収穫できるようになると、生活に余裕ができて人口が増えて古代王国が出現したのである。食料を安定的に確保することは人間個人の生存に欠かせないことは言うまでもないが、人間の集団社会の成立にも欠かせぬことであった。古代における食料の社会的価値は現代社会よりはるかに大きかったと言ってよい。

第2部　食の在り方から社会の成り立ちを考える

——米作民族と牧畜民族の思想を比較する

1　農耕民族と牧畜民族は自然観が違う

食べることは人間にとって一日も欠かすことができない。それだけに、どのようにして食べ物を手に入れるかということは、その地域の人々の生活の在り方やものの考え方、ひいては民族の文化や思想に大きな影響を及ぼすのは当然である。食べることはあまりにも身近なことであるがために、私たちはその影響力を見落としがちであるが、農耕生活を営むか、牧畜生活をして暮らすかにより、その地域の人々の性格やものの考え方ががらりと違うものになっていることは事実である。その民族の食の成り立ちを考えることは、その地域の社会や文化の成り立ちの道筋をなぞることでもある。

そもそも、農耕をするか、牧畜をするかはその地域の地勢や気象条件によって決まる。そして、人間がその自然をどう見るかという自然観が、その地に暮らす人々の食の在り方を支配することになるのである。広大な乾燥地である砂漠やステップの苛酷な自然は人間を痛めつけ、虐げるものである。そのような過酷な自然が人間に食料を恵んでくれるとは考えられないから、人々は何とかして苛酷な自然から食料を奪い取ろうと遊牧や牧畜を始めたのである。ところが温暖、湿潤な地域であれば、自然は人間に豊かな恵みを与えてくれるありがたい存在であるから、人々はその自然の恵みをいただく採取生活や農耕生活を始めたのである。

どちらにしても、人々は農耕、あるいは牧畜という方法で食料を生産することを覚えたことにより、自然の絶対的な支配から一歩脱して、彼ら自身の生活をすることができるようになった。こうして、自然の条件とそれに適応して生まれた農耕や牧畜が手をつなぎ合って、その地域の人々の生き方、社会の成り立ちを決定することになるのである。

日本人の伝統的な食事である和食の特徴は米飯を主食とすること、魚介類と野菜をよく利用すること、獣肉を食べなかったことなどであるが、このような食生活を２０００年も長く続けているうちに日本人のものの考え方にどのような変化が生じたのであろうか。そもそも水田稲作がなぜ日本に広がったのか、そしてその水田稲作を暮らしの基としているうちに、どのようなことが日本人の思想に刷り込まれたのであろうか。これらのことを、日本とは対照的な牧畜文化を有するヨーロッパのそれと比較して考えてみることにする。

紀元前数世紀、中国大陸から我が国に渡来してきた稲は高温で雨の多い日本の気候に適した作物であったから、水田稲作は数百年も経たないうちに全国に広がり、それ以来、日本人は米を主食として暮らすようになった。稲作をして米を収穫するまでには台風、洪水、旱魃など自然の脅威に脅かされることが多いから、自然の現象を支配し、豊かな稔りを授けてくれる太陽、風雨、水を集める山、水を流す川に対する畏敬の念が生じ、超自然神への信仰が生まれた。太陽神（天照神、明神）、雷神、山の神などがそれであり、人々は神に米と酒を捧げ、そのお下がりを頂くことで神の助けが得られると考えた。神様に供えた酒と食べ物を皆で分けて飲み、食べることを「神人共食」というが、これは神と人、人と人との共同意識を固める重要な儀式である。この習俗は今日に残り、神社のお祭りや地鎮祭などでは祭壇に神酒と神饌を供え、祝詞を唱えて神の加護を願い、お下がりを皆でいただく直会《なおらい》をしている。

農耕民族である日本人のみた自然は、神々が人間に都合がよいように作ってくれたものであった。だから、その自然を都合よく動かしてくれるように神に祈るのである。そして、いつしか自然物のすべてに神の心が宿り、それによって自然現象がコントロールされていると信じるようになった。八百万の神々というのは、自然に存在する万物の数だけ神々が存在すると考える思想である。ヨーロッパ人とは違い、日本人は人間そのものを自然物と同列に置き、人間にも優しい神の性格が宿ると信じるのである。そのように自然界すべてを、人間と連帯させて捉えようとするのが日本人の自然観の特徴なのである。

自然現象は人間の手で勝手に変えられないというのは世界の民族に共通した認識であるが、幸いなことに、日本列島には稲作に適した高温多雨の穏やかな自然があった。時には台風などの被害を受けることがあるにもせよ、その自然環境はヨーロッパのそれに比べればはるかに穏やかで恵まれたものである。その影響で日本人には自然と人間を対立するものとみなす思想がなかった。自然とは人間が生きていくために戦うべき相手ではなく、むしろ人間の味方になり、その力を貸してくれる、あるいは甘えることもできる存在となる。だから、自然を擬人化して万物に神が宿ると考えるアニミズムの思想が生まれたのである。

日本の伝統的な家屋は戸障子を明け放してしまえば、家の外と内との区別がほとんどなくなってしまう。日本人が家の中にいても自然の恩恵に触れていたいと念願している証拠である。女性の和服に描かれている模様には自然の植物や小鳥を図案化したものが圧倒的に多い。民族伝統の和食では季節の旬の味を生かすことが大切にされる。日本画には花や小鳥を主題とする花鳥画が多いが、西洋画では人間を主人公とする人物画が多く、花や小鳥はその飾りものとしてあしらわれているのと対照的である。

このような日本人の自然観はヨーロッパ人のそれとは対照的である。後で詳しく述べることになるが、緯度の高いヨーロッパ諸国の気象は冷涼で雨が少なく、厳しいものである。従って、そこで小麦を栽培しても収量はきわめて乏しく、人々は主なる食料を牧畜に頼らざるを得なかった。中近東の荒涼たる砂漠で羊を飼いながら暮らしていた古代ヘブライ民族、現在のユダヤ人の先祖たちの聖典である旧約聖書に出てくるヤハウェの神は怒る神である。厳しい自然に耐えて暮らすヨーロッパ人は、自然を支配する神々を厳しく恐ろしいものとして意識するようになった。そして、人間が生きていくには厳しい自然と闘い、自然を征服しなければならないと考え、時には自然を人間に都合がよいように作り替えようとすることもある。日本の禅寺に多い枯山水庭園や大名屋敷に作られた回遊式自然庭園は、どちらも自然を身近に取りいれて楽しもうとするものであるが、ヨーロッパの王侯宮殿にみられる幾何学模様に整然と造形された庭園は、自然を征服し、思いのままに従わせようとする彼らの思想の所産である。

2　米作りから生まれた農本思想

日本の神話では稲は神より授けられたとされている。「太陽神である天照大神が皇孫、瓊瓊杵尊《ににぎのみこと》を豊葦原の瑞穂の国に降臨させるに際して稲穂を持参させた」のであるから、その子孫である天皇家が司る祭祀儀礼の中では、収穫した米を神に捧げて豊作を感謝する新嘗祭が最も重要なのである。稲は収量の良い作物であり、一粒播けば弥生時代でも数十粒の米が収穫できたであろう。品種改良が進んだ現代であればたった一株（三粒播き）から２０００粒の米が採れ、茶碗に半分のご飯になる。日本列島という狭い土地で多くの人が暮らしていくには稲を栽培して、米を主食にするのが一番良い方法であった。

そして、多量に収穫できる米を統治者が管理してクニの収入にする社会構造が生まれた。稲作を本格的に行うようになった古墳時代の人口は約５００万人と推定され、狩猟採取で暮らしていた縄文時代に比べて数十倍に増えている。水田稲作によって食料の安定した生産体制を整えたことが古代国家成立の基になったのである。華やかな天平文化が開花した奈良の都の経済を支えたのは米であった。米を十分に生産することは国の最重要事になり、稲作は国家の税収を賄う重要な産業として国を挙げて推進された。農民が酒を飲むことを禁じる禁酒令や牛馬を殺すことを禁じる殺生禁止令がたびたび公布されたのは、稲作は神聖なものであり、農繁期に酒を飲んだり肉を食べたりすると、稲作に失敗すると信じられていたからである。

孝徳天皇の大化２（６４６）年、大化の改新によって、全ての田畑、領民を公有にする公地公民制度が発足し、公民には口分田を支給する班田収授法が実施された。それまでは王族、豪族が耕地と農民を私有していたのを改めたのである。公民男子には2反、女子には1反１２０歩の水田を支給し、収穫した米を租（田租）として物納させることになった。奈良時代の全国の水田面積は70万町歩であったから、収穫できる米は約４７０万石、70万トンぐらいあり、国庫に納められる田租米は約７万トン、現在ならば６０００億円ぐらいの価値があった。それから１０００年後の徳川幕府も米を通貨とする石高制《こくだかせい》を採用していた。全国の水田、畑、屋敷地など全ての土地の経済価値をそこから穫れる米の石数で見積もり、それを基にして年貢米を徴収して幕府や諸藩の財源にしていたのである。全国の総石高は３０００万石と言われたが、江戸後期の総耕地面積は２９６万町歩、そのうち水田は１６４万町歩であったから、実際に収穫できた米は約２４００万石、３６０万トンであったろう。米１石は当時、１両で売買されていたから、１両を現在の貨幣価値に換算して約13万円とすると、米の総生産額は3兆円になる。年貢をその4割とすれば1兆2000億円が幕府と諸藩の収入になったのである。奈良時代の班田収授法に始まった米の収穫を経済基盤とする政治体制はその後、中世の荘園制度、江戸時代の石高制を経て明治維新になるまで1300年間続いたことになる。

このように日本の農業は水田稲作を中心に発達し、収穫した米が人々の主食になり、国の財源にもなってきたことは日本人の思想形成に大きな影響を与えることになった。特に、水田稲作に伴う特殊な作業形態は長い年月にわたって日本人の生活様式やものの考え方に大きな影響を及ぼすことになった。その関係が最も明らかに認められるのが江戸時代である。江戸時代、幕府や諸藩の財源は石高制によって徴収する年貢米であった。この時代の年貢は五公五民か六公四民という厳しいものであったが、それが可能であったのは米の収穫量が播種量の数十倍もあったからである。同じころのヨーロッパでは小麦の収穫量は播種量のせいぜい数倍であったから、収穫の半分を取り上げれば農民は死に絶えたに違いない。後で述べるように、「農は国の本なり」という日本独自の農本主義の思想は、東南アジアの米作り地帯においても、収量が飛びぬけて多い日本の米作り農業から生まれたのだと言ってよい。

しかし、年貢米を多く徴収するには、限られた水田からできるだけ多量の収穫を挙げることが必要であった。そこで、できるだけ手間をかけて一粒でも多く米を収穫する集約農法が行われた。これまで1尺掘っていた耕地を1尺5寸に掘り下げて僅かでも収穫を増やすよう、農民たちに朝早くから夜遅くまでの過酷な労働が課せられた。このような労働生産性を無視した重労働に耐えさせる拠りどころとして、農耕は美徳であるとみなす思想が必要になった。まず、農業は国の本であると美化して、それに従事するのは人間の営みの中で最も尊い行為であるという道徳律を農民に押し付けたのである。

この米作り農業を美徳と考える思想を論理づけたのは、江戸時代の医師であり、思想家でもあった安藤昌益である。彼は身分、階級にとらわれず、すべてのものが額に汗を流して田畑を耕す社会が理想社会であると主張した。農業労働が神聖視されるならば、その労働の産物である米もまた神聖なものになる。米という文字は八十八と書くように、農民たちが八十八回の手間をかけて作ってくれた米だから、一粒の飯粒でも食べこぼせば罰が当たると考えるのである。この過酷な農耕労働で培われた勤勉を美徳とするのは日本人の特性の一つである。これに対してヨーロッパでは農家の耕地面積が日本より数十倍広いから、人力だけで耕作するには限界があり、もともと収量の少ない麦作農業であるから必要以上の人力を投入しても効果がなかった。だから、日本のようなタイプの勤労の思想は生まれなかった。

これら自然発生的な農本主義とは別に、大正から昭和初期には工業化が進み、農村が荒廃、疲弊していく状況に危機感を抱き、農業と農村社会の維持存続を主張する農本主義運動が興った。この新しい農本主義は江戸時代の農本思想とはその成立の動機が異なるが、農業が国のために重要であるという理念には変わるところがなかった。しかし、どちらにせよ、これら農本主義の思想は、第二次大戦後の高度経済成長の中で完全に失われた。狭い国土で急増した人口を養っていくには、工業立国、貿易立国の道を歩まなければならなくなったからである。そして、農耕で培った勤勉の精神を生かして工業生産に邁進し、一時は世界第2位のGDPを誇る経済大国に成長したのである。その陰で、国内農業は衰退し、農業生産額はGDPの僅か2％弱を占めるに過ぎなくなり、それと共に農業は国の本であると考える農本主義の思想も失われたのである。

3　稲作で培われた地縁社会の思想

水田稲作の大きな特色の一つは稲が連作可能な作物であるということである。農耕作物には毎年同じ土地に繰り返し栽培できるものと、そうでないものがある。稲は連作が可能な作物であり、養分は水田に流れ込む谷水、川水によって補給されるから施肥をしなくても収量が大きく減ることがない。しかし、山地が多い日本列島では水田に適した平らな土地は限られていて、しかもそこに水田を造成するには畑を開墾するよりも手間がかかる。だから、先祖が苦労して開いた水田を子々孫々が受け継いで耕作し続けることになり、当然ながらその土地に対する強い愛着が生まれる。そして、その水田の近くに寄り集まって暮らす数家族が閉鎖的な地域社会を作ることになるのである。先祖伝来の我が家の田畑という観念が生まれ、先祖崇拝や家督相続の習慣が生まれたのである。

稲作民族の土地に対する愛着はやがて稲作民族特有の愛国心を生むことになる。日本人の国家意識、民族意識はすべてこの土地に対する愛着を基にして生じたものである。日本人が「国」という言葉から真っ先に思い浮かべるのはその領土ではなかろうか、地図の上に塗り分けられた国土が日本人の国家観には不可欠である。日本人は国を愛することは他ならぬ国土を愛することだと信じて疑わない。国家と土地とを同一視して怪しまないのは稲作民族の国民性であり、一定の土地を領土として保有することが民族の独立に不可欠であると考えるのである。

ヨーロッパの麦作農業ではこのような土地に対する強い執着心は生まれなかった。耕地の地力を回復させるために、村落の耕地を集めて三分画して、小麦、大麦、牧草を輪作する三圃制農業が行われていたからである。村落の耕地を一括して集め、村落民が共同して耕作するのであるから、個々の農家がもともと所有していた耕地に強く執着することはない。そこで農業を続けられるのは、先祖のお蔭ではなく、村の仲間と協力して働いたお蔭であると考えるのである。後で述べるように、ヨーロッパ思想の根元にある強い社会共同体意識はこのような農業形態の違いから生まれたと言ってよい。

同じ愛国心であっても、ヨーロッパ人のそれは日本人の感覚とはかなり違う。愛国心はナショナリズムと訳されているが、日本人の愛国心は国土と密着した概念であるが、ヨーロッパ人のナショナリズムは土地よりも民族の人種意識に結びついている。アングロサクソン人ならアングロサクソン、ゲルマン人ならばゲルマンという一つの民族としての同胞意識、同じ人種であるという連帯感がヨーロッパのナショナリズムである。この民族ナショナリズムがもっとも強烈なのはユダヤ人であろう。古代ユダ王国がバビロニアに滅ぼされて以来、ユダヤ人は亡国の民と蔑まれて世界の国々を放浪しながらも民族としての誇りを決して失うことがなかった。彼らの思想の根底には、かつて遊牧民として特定の土地に縛られることなくオアシスを求めて移動した経験がある。彼らにとって国家とは民族の独立を保つために形成する一時的な政治形態に過ぎないのである。

日本人は稲作民族として日本列島という狭い島国に定住し、異民族の侵略を受けずに暮らしてきたから、海外から渡来してくる異民族は敵ではなく、海外の新しい文明を持ち込んでくれる恩人だと考えてきた。日本人の意識には国土ナショナリズムはあっても、民族ナショナリズムへの理解が欠けていたことは、戦前の植民地政策で露呈した。日本人は朝鮮や台湾を占領して植民地にしたとき、原住民を同胞化しようとして現地名を日本名に改姓させたり、神社を作って拝ませたりした。ところが現地人には民族の伝統文化を守ろうとするナショナリズムがあったから、予期に反して激しい反発を受けたのである。対照的に、ヨーロッパ人は、人種の違う原住民と融合することは考えず、原住民を蔑視、差別して植民地を統治した。しかし、統治の邪魔にならない限り、現地人が昔ながらの生活や習俗を続けることを黙認していたので、激しい反発を受けることがなかったのである。

4　牧畜と肉食から生まれた人間中心の思想

同じ農業と言っても日本のそれとヨーロッパのそれとでは全く違う。温暖で雨の多い日本では水田稲作を中心にして営む農業で暮らすことができた。米は収量の多い作物であり、弥生時代でも播種量の数十倍は収穫できたのである。動物性のタンパクは国土を取り囲む海や国土を縦横に流れる川で豊富に獲れる魚介類で補うことができた。しかし、緯度が高く、冷涼で降雨量が少ないヨーロッパでは、麦作を行っても収穫量が著しく低かった。例えば9世紀、フランク王国の時代には小麦や大麦の収穫量は播種量の2倍、13世紀、14世紀になってもせいぜい4倍程度に増えたに過ぎなかった。このような農業では大勢の人間を養うことができないから、耕地の半分を牧草地にして家畜を飼育し、その肉やミルクを利用する牧畜が始まったのである。ヨーロッパという地域は農耕と牧畜の双方に頼らなければ生活の成り立たない環境であった。

そもそも一定面積の耕地から得られる食料をカロリーで比較すれば、穀物を栽培するのが最も多く、その穀物を飼料にして家畜を飼育し、その肉やミルクを食べるとすると得られるカロリーはずっと少なくなる。牛肉にして食べるならば7％、ミルクを利用するにしても20％に減る。ある広さの畑で穀物を栽培すれば100人が食べられても、その穀物を餌にして牛を飼い、肉を食べるなら7人しか食べられないのである。いずれにせよ、一定の広さの耕地で食料を生産するには、農業が最も効率的な手段であり、牧畜は効率が悪い。しかし、自然のままの草地にしておくよりほかのない荒れ地、あるいは、牧草を栽培することしかできない痩せた土地を牧場や牧草地にして牛や羊を飼い、その肉やミルクを利用するとなれば話は少し別になる。ヨーロッパ人が肉食をする習慣はもともと、そういう地域事情から生まれたのである。

ヨーロッパ人は家畜の肉は勿論のこと、頭、内臓、骨髄まで食べられるところは何でも食べる。町の市場の肉売り場には肉の塊と一緒に豚の頭や内臓、目

第3図　コメ文化圏とムギ文化圏

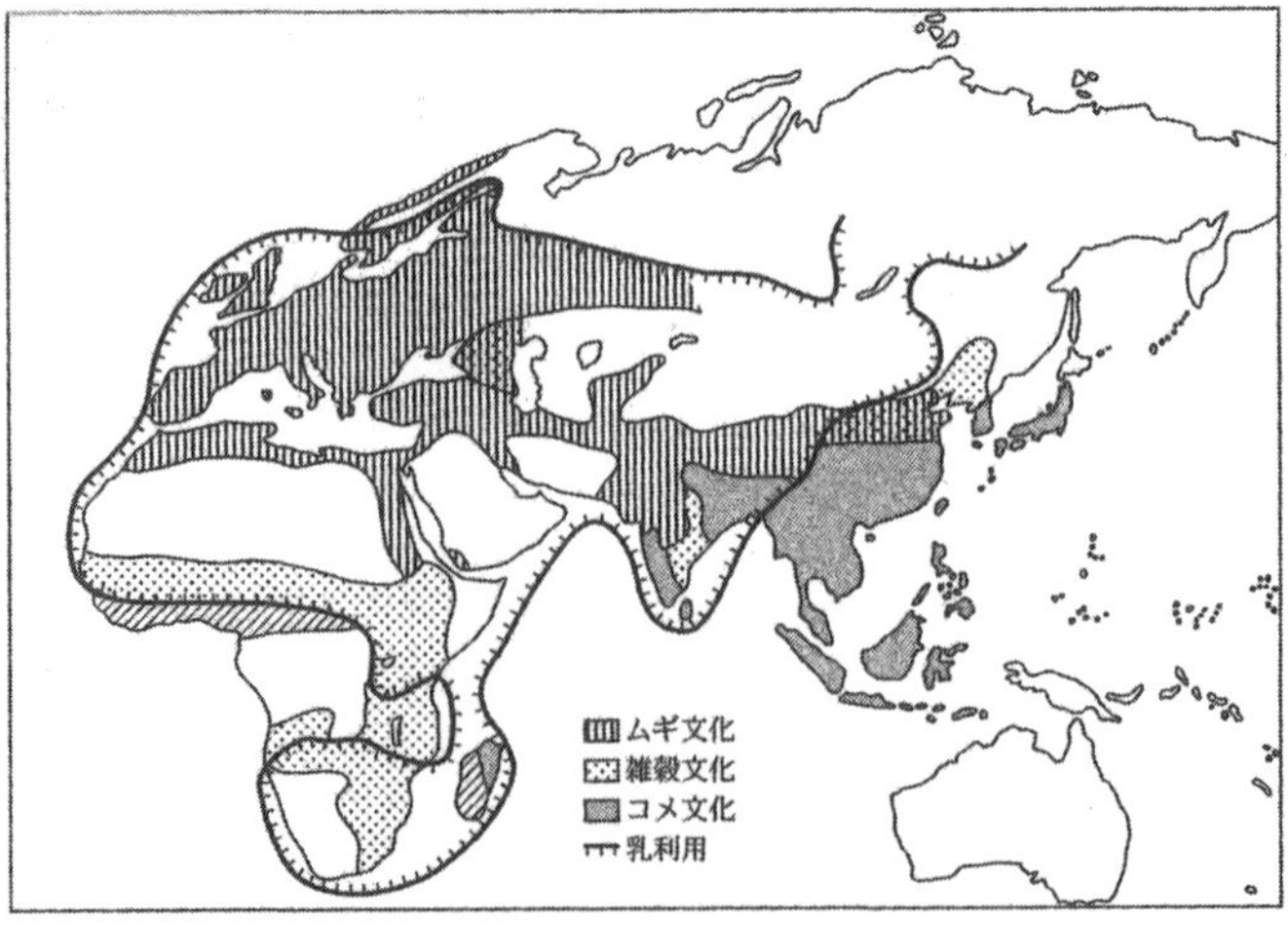

原田信男著『日本の食文化』放送大学教育振興会　2004年より転載
石毛直道編『世界の食事文化』ドメス出版　1973の図1「世界の食文化の四大類型と乳利用」を加工。

玉、尾などが売られている。農家では自分たちが飼っている家畜を自分たちの手で殺し、食用にするのは日常のことであり、昨日まで飼っていた豚や羊の頭や目玉が皿に載って出されても平気で食べる。残酷という言葉の感覚が日本人と全く違っている。彼らにとって家畜を殺すことは決して残酷なことではないが、可愛がっている犬、猫や小鳥などペットをいじめたり、殺したりすることは残虐な行為なのである。農家では家畜を殺して食用にするのは日常の作業であるから、そこには我が国のように家族同様に飼っている牛馬を殺生することを嫌う気持ちは生まれるはずがないのである。

家畜を殺して食べることに抵抗感がないのは何故であろうか。人類が農耕、牧畜を始めて集団生活をするようになった時代、人々が生活の規範としたのは超人間的な神とその神話を信奉する宗教であった。農耕を行うだけでは食料が足りず、家畜を飼育してその肉を食べない限り生活が成り立たなかったヨーロッパでは、肉食を罪悪視する仏教のような宗教は受け入れられなかった。その代り、肉食をする遊牧民族の宗教であったユダヤ教、それを継承したキリスト教が受け入れられた。ユダヤ教やキリスト教では、牛や豚は人間に食べられるために神様が作ってくださったと教えているからである。

キリスト教はヘブライ人の民族宗教であるユダヤ教から発展した。ヘブライ人は中近東の荒涼たる乾燥地帯で遊牧をしていた民族であるから、家畜を殺して食べることは日常のことであった。ユダヤ教の経典である旧約聖書の創世記には次のように書かれている。「神は自分のかたちに似せて人を創造し、……神は言われた。生めよ、増えよ、地に満ちよ。地のすべての獣、空のすべての鳥、地に這うすべてのもの、海のすべての魚は恐れおののいて、あなたがたの支配に服し、すべての生きて動くものはあなたがたの食物となるであろう」とあるように、人間はすべての動物を殺して食べる権利を神に認められているとはっきりと教えている。このような考えは、ユダヤ教を継承したキリスト教によって全ヨーロッパに広がった。キリスト教徒が復活祭の前に肉を食べなかったのは、肉のない粗末な食事をしてイエスの受けた苦しみを体験するためであり、自分たちが飼っている家畜を食用にするのを嫌ってのことではない。

キリスト教には人間が現世で悪行を重ねれば来世は牛や馬に生まれ変わるという輪廻転生の思想はない。人間と動物とは全く別のものと考える遊牧民族や牧畜民族の思想は、神に祝福されて生まれた人間があらゆるものより優れていて、優先するという人間至上主義、人間中心主義に発展することになるのである。

キリスト教の思想には昔も今も人間中心主義の伝統が根底にあるのである。例えば、16世紀に起きた地動説騒動と19世紀の進化論論争は、近代科学と宗教の対立とみるよりは、地動説や進化論に反対したキリスト教会の立場が人間中心的であったからだと解釈するのがよい。キリスト教会が地動説を否定したのは、万物の長である人間が住む地球が宇宙の中心であるべきと考えていたからであり、人間がサルの子孫かも知れないという進化論を否定したのは、人間と動物は全く別物であるという人間中心主義の考えからであった。人間がサルの進化したものであり、そして人間が住む地球が宇宙の中心でないと考えるのは、当時のヨーロッパ人には耐えがたいことであったに違いない。

ついでながら、近代科学がヨーロッパで誕生したのは、もともとキリスト教が人間中心主義の立場から森羅万象を説明していたからであろう。近代科学はそうしたキリスト教の論理を覆すことから始まったのであり、いわば、キリスト教自体が近代科学の芽を内蔵していたことになる。このような考えは自然のあらゆるものに精霊が宿ると考える農耕民族のアニミズムには期待できない。牧畜と肉食の習慣がヨーロッパ人の思想形成に深く関わっている一例である。

5　牧畜民族と農耕民族では性意識が違う

牧畜民族と農耕民族では結婚についても考え方が違う。家畜がいつも身近にいるヨーロッパでは、人々は動物とは違う存在であることを日常生活のあらゆるところで確認しておく必要があった。そこで一番問題になるのが性交渉である。日本のように動物の性行為を眼にすることが少ない環境では、性を秘め事にしておくことも可能である。しかし、ヨーロッパでは子供のときから家畜の性行為を身近に見て育っているから、人間の男女の営みが動物のそれと同じであることをいやというほど思い知らされている。そこで、人間の性交渉はどうあるべきかという問題に真正面から対決せざるを得なくなる。

遊牧民族であるヘブライ人には厳しい禁欲の思想があった。旧約聖書に記されているモーセの十戒では、姦淫ということを殺人などと並ぶ大罪としている。食草が少なく飼育できる羊の数に限りがあるから、遊牧民は部族の人口がむやみに増加することを嫌う。性欲の赴くままに性行為をすることを制限するために、神の定めた律法として姦淫を厳禁していたのである。この律法がキリスト教に伝わりヨーロッパ人の性思想となった。人間と動物を断絶して考えるキリスト教の立場から言えば、最も理想的なのは性交渉を動物的本能に基づくものとして否定し、異性に触れることなく一生を終えることである。カトッリク教会の聖職者独身制はこうして生まれたものであるが、それをすべての信者に強制することはできない。そこで考え出されたのが、男女の結婚を神の恩沢を授かる「秘蹟」とすることであった。新郎と新婦が生涯の伴侶となることを神に誓うことにより、神の祝福にあずかれることにしたのである。

神の祝福を受けるためには教会で挙式することが必要になったのは１５６３年のトリエント公会議での決定からのことであり、それまでは教会での挙式は義務ではなく、必要なのは当事者が結婚しようとする意志を表示することだけであった。しかし、一旦結婚が成立すれば、夫婦どちらかが死亡した場合を除いて、結婚を取り消すことは許されなかった。教会が結婚の解消を容易には許さなかったのは、万物の主である人間が動物のように乱交、乱婚をすることを禁じるためであった。その結果が、一夫一婦制および離婚禁止制になったのである。ついでながらヨーロッパでは近親結婚が厳しく禁じられていた。9世紀から12世紀の頃までは14親等の間柄まで結婚できなかった。現在でも8親等までは許されないから、従兄妹、従姉弟は結婚できない。ここにも血統の近い家畜を交配すると生存力の退化した奇形が生じやすいことを数多く経験してきた牧畜民族ならではの知恵が現れているように思う。

これに対して、農耕民族は性について寛容だと言われる。むしろ乱交を認めるような行為を神聖な行事として行うことさえある。田畑を耕作する人間が多産であれば、田畑も豊作になると信じる素朴なアニミズムがあったのである。結婚、離婚は当事者同士の話し合いで自由に行え、近代になるまでは一夫多妻や近親結婚も許されていた。日本の神前結婚は三々九度の盃を交わして新郎新婦の夫婦固めの儀式が終わると、神主が祝詞を読み上げて二人の結婚を神に報告するという一方的な行為であり、キリスト教の結婚式のように当人同士の誓いと神の祝福を交換する契約行為ではない。農耕民族と牧畜民族の性意識の違いが結婚式の形式にも表れているのである。

ヨーロッパ文明の源泉であるギリシャ思想もヘブライ思想も、男性と女性を決して同等のものとはみなしていない。旧約聖書の冒頭にある人間創造の物語によれば、神は土をこねて人形を作り、生命をその体内に吹き入れて男性、アダムをつくり、ついで神はアダムに連れ合いを与えようとしてアダムのあばら骨を折り取って女性、イブに変えた。キリスト教徒でなくても誰もが知っているこの神話からは、男性こそが人間の主体であり、女性はその従属物であるとする思想が読み取れる。ギリシャの哲学者、プラトンは、この世で最初に現れた生物は男性であり、その男性のうちで臆病なものが女性になり、愚かなものが退化して動物になったと考えていた。

ヨーロッパの歴史は、日本などと比較にならぬほど戦乱に明け暮れていて、戦争をするのが男性の仕事であった。後に、ヨーロッパ人は海外への探検と植民地作りを熱心に行ったが、これらも男性の仕事であった。アメリカの開拓もまた同様に男性によって行われた事業であった。だから、ヨーロッパでは男性は頼りになるが、女性は弱きものとみなす思想が生まれ、そして、弱きものなるが故に女性をいたわる騎士道精神が芽生え、それがレディ・ファーストという習俗になったと言ってよい。

農業を平和に営んでいた日本では、女性が活躍する場が多かった。農耕を始めたころは、どの地域においても男性は狩猟か漁猟に出掛け、農耕は女性が中心になって行うことが多かったから、女性は男性と同等に貴重な労働力であった。さらに農耕民族にとって最大の願いは作物の収穫の多いこと、即ち多産豊穣であり、子供を産むことができる女性が豊穣の象徴として尊重された。だから、女性を蔑視することはなかったが、その反面、女性を特別にいたわる道徳も成立しにくかったと言ってよい。

6　ヨーロッパ人の人種差別意識

牧畜に頼らざるを得なかったヨーロッパの食料事情が生み出した人間中心主義は、あくまでもヨーロッパ人が生み出した思想であったから、ヨーロッパ人以外の人種は人間として扱われず、動物と同様に厳しく差別された。古くは11世紀の後半から繰り返された十字軍の遠征での遠征軍将兵の残虐さには眼に余るものがあり、無抵抗の異教徒に殺戮、略奪、暴行の限りを尽くしても良心の呵責すらなかった。その後のヨーロッパ諸国の植民地支配の歴史も現地先住民の血に彩られている。現在ではこうした行為こそ根絶されたが、ヨーロッパ人が世界の支配者であると考えることはそれほど変わってはいない。黒色人種や黄色人種を差別する人種差別がそれである。ヨーロッパ人が世界のどこに行っても自分たちの言語や生活習慣を押し通しているように、ヨーロッパ人と非ヨーロッパ人の間には超えることのできない壁がある。

ヨーロッパの内部においては、キリスト教徒とそうでないものとの差別が生まれた。ユダヤ人を劣等な人間とみなすのがそれである。ユダヤ人は古くからヨーロッパ社会のあちこちでキリスト教徒と一緒に暮らしてきたにも拘わらず、事あるごとに迫害されてきた。第二次大戦中にはナチスによるユダヤ人の大量殺戮が行われたことは記憶に新しい。今でも眼に見えない差別待遇はなくなっていない。人間は動物とは違う特別の存在であると考えるヨーロッパの人間中心主義は、人間と人間を区別する差別の論理をも生み出したのである。

ヨーロッパ人の肉食の習慣から端を発したこの差別の論理は、同じキリスト教徒であるヨーロッパ人の社会内部においても厳しい階層意識と身分意識を生み出した。例えば、日本とヨーロッパでは支配階級の在り方が全く違う。農耕社会である日本では、支配・被支配の関係は牧畜社会であるヨーロッパほどにははっきりしていない。徳川時代には武士階級は人口の６％を占めていたが、フランスの支配階級である貴族、僧侶階級は人口の僅か０・６％に過ぎない。動物、非ヨーロッパ人種、そしてユダヤ人を区別し疎外してきたヨーロッパ人の人間中心主義が「本当の人間」として認めるのは、同じキリスト教徒であってもごく少数の支配階級だけであった。支配階級は民衆とは別の、祝福されるべき尊厳な人間であるとみなされているから、君主が厳しい収奪をして贅沢の限りを尽くしていてもそれほど強く非難されることはなかった。一方、日本では質素に暮らし、年貢を軽減して領民を慈しむ領主が名君として尊敬されたのである。

ヨーロッパでは支配階級と被支配階級の間に厳しい断絶があったように、身分意識もまた日本のそれよりはるかに厳しい。近代以前には何らかの形の身分制があったことはヨーロッパでも日本でも同じであり、日本では士農工商、ヨーロッパでは僧侶、貴族、市民、農民という身分制があった。職業の貴賤に応じて社会がいくつかの身分階層に分かれていて、それぞれの身分の人間には与えられた職分を忠実に果たすことが求められていた。身分相応ということが強制され、日常の服装、行動の端々に至るまで厳しい制約があった。

しかし、日本の身分制は観念的であり、江戸時代には富裕な商人の経済力は武士を凌駕していたが、それを無視して商人を身分制の最下位に位置付けている。士農工商の順位が定められていても、現実には農工商は一塊に扱われ、身分的差別は武士と農工商の間にしかなかった。これに対して、ヨーロッパのそれは現実的であり、中世商業都市では商工業者である市民の身分を農民の上に格付けしている。ヨーロッパの身分制は現実の社会勢力を反映していたのである。

ところで、階層社会と言えば世界中で一番厳しいのはインドのカースト制であろう。今でもカーストが違うと一緒に働きたがらないし、農村では結婚どころか、食事も一緒にしない。カーストのように社会を厳しく輪切りにする階層意識が生まれた前提条件はヨーロッパもインドもよく似ている。どちらも牧畜農業をしていて多数の家畜を飼育していることである。どちらの社会においても、家畜は日々の食用にする下等な存在であったから、家畜を差別して人間を絶対視する断絶の思想が生まれ、それが厳しい階層意識に発展したのだと考えてよい。

このようなヨーロッパの階層意識、身分意識は近代になって身分制度が消滅しても、なかなかなくならなかった。イギリスには昔のままの貴族制度が身分的特権はなくなっても存続し続けているし、フランスでは旧貴族の家柄は依然として爵位の称号を使用している。プロレタリア階層の独立から始まって最終的に階層のない社会の実現を目指した社会主義革命が東ヨーロッパで実現したのも、その地域では階層意識の近代化が十分に進んでいなかったからだと言える。厳しい階層意識の裏返しの反動であったのである。

日本では金持ちの子供も貧乏人の子供も同じ義務制の小学校に通うが、ヨーロッパではそうでなく、大学に進む子供とそうでない子供は小学校から別扱いである。近年まで高等教育は上層階級の子弟に独占されていたから、今でも国民の大学進学率が日本より低い国が多い。労働組合の在り方も同じである。日本の労働組合は企業別組合であるから、同じ会社で働く従業員は誰でも区別なく同じ組合に加入できる。しかし、欧米の労働組合は職種別の横断組合であり、同じ職場に働く従業員であっても職種が違えば別の組合に加入する。牧畜生活から生まれたヨーロッパの階層意識、身分意識は今も生き続けていると言ってよい。

7　パン食から生まれた社会共同体意識

ヨーロッパにおける主食はパン食でなかったというと意外に思うかもしれない。ヨーロッパでは穀物栽培と家畜飼育が一体になっていて、どちらの比重が大きいかを決めかねる状態であったから、日本のように米飯が主食、魚介と野菜が副食という区別がない。日本では戦前まで摂取する食物カロリーの80％を米、麦、芋などから摂取していたが、ヨーロッパ諸国では昔から穀物依存率は50％余りで、残りは肉類と乳製品に頼っていたから、どちらが主食でどちらが副食というはっきりとした区別がないのである。

しかも、ヨーロッパでは誰もが昔からパンを食べていたわけではない。麦の生産量が少ないヨーロッパでは、上層階級でなければパンは食べられなかった。「貧者のパン」はジャガイモであった。農民の常食は麦をひき割って牛乳、チーズ、野菜と煮込んだブイイという粥であり、嵩の低いパンにして食べるのは贅沢であった。ところが、米と麦ではもともと消化率が違うのである。米であれば粒食である米飯でも、粉食である餅でも消化率はそれほど違わないが、麦はそうではない。パンやうどんにすれば粒食である麦飯より消化吸収がよい。このことに気が付いたヨーロッパ人は11～12世紀ごろから次第にパンを食べるようになった。

しかし、パンを作るには、個々の農家が籾摺り、製粉、パン焼きまでのすべての作業を自分の家で行うのではない。製粉用の水車やパン焼き竈は領主所有のものを借りるか、村の共同のものを使って行うのである。米であれば粥にしようと、飯にしようとその農家の自由であるが、パンを焼くには、村落民との協力が必要であった。家族や家庭を超えた村落共同体意識、社会意識が必要とされるのはパン焼きだけではなかった。原料である麦の栽培も村落共同で行わなければならなかった。ヨーロッパは緯度が高く、冷涼な乾燥地帯であるから農耕には適していない。麦を栽培しても収量は播種量の数倍しか収穫できない。その上、連作による地力の低下を防ぐため、麦を栽培した後は数年間休耕地にして家畜を放牧し、その糞が肥料になって地力が回復するのを待たねばならなかった。そこで耕地を少しでも有効に利用するために、11、12世紀ごろから三圃制の輪作をするようになった。耕地を3区画に分け、春播き小麦、秋播き小麦、そしてクローバや蕪を3年周期で輪作するのである。休耕地にクローバを栽培すれば地力が回復し、蕪を栽培すれば家畜の冬の餌になったのである。

このような三圃制輪作は個々の農家が自分の狭い耕地だけで実施しても効率的でないから、村落の耕地全部を寄せ集めて3区画に分けて、村落全員で実施するのである。個々の農家は割り当てられた耕地を分担して、村で指定された作物を栽培する。種を播くのも、収穫するのも、決められた日に仲間と一緒に行うのである。個々の農家の自由裁量は認められなかったが、その代りに安定した収穫が得られたから、村落共同体への帰属意識が強くなるのは当然である。

穀物栽培に適していないヨーロッパで、少ないながらもある程度の穀物生産量を確保してパンを食べるためには、このように村の仲間と協力することが欠かせなかった。そのためには個々の農家の主体性や独立性は犠牲になっても仕方がなかった。日本の村には見られない強い村落共同体意識が生まれたのである。日本にも村落共同体があって水利灌漑作業や共同林の手入れは部落民共同で行っていたが、個々の農家の耕作には介入しなかった。だから、個々の農家の独立性が高く、家族意識が強くなったことは先に述べたとおりである。ヨーロッパ人の強い社会共同体意識はこのような厳しい穀物栽培の実態から生まれたものであり、ヨーロッパの社会形成に大きな役割を果たした。肉食を是認する必要から生まれた人間中心主義の思想が強い階層意識を生んだのと同じである。厳しい穀物栽培から生まれた共同体意識と家畜飼育から生まれた階層意識は、お互いにからみ合ってヨーロッパ人の社会と思想の形成につながっているのである。

広い意味でのパン食から生まれた共同体意識は、中世都市の建設においても遺憾なく発揮された。ヨーロッパの中世都市は高度の自治権をもち、時には封建領主に対抗できる実力を備えた存在である。独自の都市法、参事会、都市裁判所を持ち、高い都市壁を築いて武力に訴えてでも住民の自由を守った中世都市は、ヨーロッパ以外には見当たらない。都市は中世の日本にもあったが、それは封建領主が城下の繁栄のために指導して作らせたものである、これに対してヨーロッパのそれは、村落を離れた農民が交通の要所にある領主の館の近くに集まって商工業を営むために、自発的に構築した自治共同体であった。

堅固な都市壁に守られて暮らす都市の住民は、領主とその家臣を除いて、すべて市民としての平等な権利を持ち、徴兵、納税の義務を果たした。ただ、市民が享受できたのは都市共同体のメンバーとしての自由であって、自分勝手な行動はできなかった。市民生活には守らなければならない共同体の定めがあったのである。そのことは農民が村落共同体のために個人の自由を犠牲にしていたのと同じである。まさに中世都市における強い市民意識は、農村で培われた村落共同体意識の拡大発展に他ならなかった。そして個々の都市が他地域の都市との交流を重ねるにつれて、次第に全国的な市民意識が発展したのである。

もともと明確な階層意識も社会意識もなかった日本では、ヨーロッパのような強固な市民意識の発達は見られない。「修身斉家治国平天下」と言うように、家族意識と地縁意識がいつの間にか独自の国家意識に変わったのであり、ヨーロッパのような強い社会意識は育たなかった。階級制度の打破を目指したフランス革命のような市民革命が日本では起こらなかった理由でもある。

第3部　食べることをどのように考えて来たのか
――節食の思想から美食の思想へ

1　神人共食とはどういうことか

これまで述べてきたように、私たち現生人類は誕生以来20万年の進化の過程で、それまでの旧人類がもっていなかった高度の思考能力を獲得した。そして、食べるという本能的な行為についても、どのような食べ物を選び、どのようにして手に入れるか、どのようにして食べればよいかなどを考えてきた。だから、食べ物を農耕によって生産するか、牧畜によって獲得するかによって、その社会の成り立ちや民族性、人々のものの考え方などが大きく違ってくることは既に述べたとおりである。食べ物は人間個人の生物的生存に欠かせないものであるだけではなく、人間の社会や文化の成立に深く関わってきた。人間にとって、食べるということには文化的あるいは社会的な役割があるのである。

動物は空腹を満たそうとして餌を食べる。しかし、同じ動物であっても、人間はただ食欲を満たすだけではなく、常に何かを考えて食べていることが多い。これは食べてよいものか、どのように食べるのがよいか、何のために食べるのか、などと考えるのである。人間は大脳を働かして食べる、あるいは文化を食べていると言われるのはこのことである。そうであるとするならば、私たちの先祖は、これまで食べることについてどのようなことを考えてきたのであろうか。

食べることは生理的な欲求を満たす日常の行為であるから、そのことについて何か考えることがあるとしても、それはごく簡単なことである。食べ物や食べることに対する古代の人々の考えは、毎日の生活の中から自然に生まれたものであるか、あるいは宗教の定めに従ってのことであることが多い。また、食べるという行為や習慣は、地勢的あるいは民俗的に多様であり、また時代と共に変化することでもあるから、普遍化して、あるいは論理化してその本質を論考することが難しい対象でもある。従ってこれまでは、食べることに関する人々の祈りや願望、意味付け、あるいは価値観などが、「食に関する思想」として取りあげられることは少なかった。思想というものは、断片的な考えではなく、体系づけられたひとまとまりの論理であると定義するならば、食べることについて思想といえるほどにまとまった考えはなかったと考えられてきた。

しかし、人間が食べることについて考えることは、社会の発展と共に複雑になってきたのである。そこで、先人たちが食べることについて考えてきたことを、飢餓の時代、節食・禁欲の時代、美食願望の時代と、豊食・飽食の現代に分けて歴史的に観察してみると、それぞれの時代　あるいはその地域に生きた人々ならではの「何を食べ、何を食べないかという選択や禁忌」、「どのように食べるべきかという規範や倫理、価値観」などがあったことが判る。

このように、人々が食べ物や食べることについて考えてきたことを「食の思想」と呼ぶとするならば、もっとも原始的な食の思想は神人共食という古代の人々の食べ物に対する信仰である。世界のほとんどの地域には神聖な食べ物とそれを尊ぶ食習慣があった。神や先祖の霊と親しく交わるために食べる神聖な食べ物が定められていたのである。人々の主食となる作物は必ずといってよいほど神聖な食べ物に選ばれ、神が宿る神聖な作物を食べることは即、神を祀ることであると考えられていた。

日本では稲が神聖視されてきた。日本神話では、天照大神が皇孫、瓊瓊杵尊《ににぎのみこと》を豊葦原の瑞穂の国に降臨させるに際して稲穂を授けたと伝えられている。その子孫である天皇家では、収穫された米を神に捧げて豊作を感謝する新嘗祭をもっとも大切な祭祀儀礼として行っているのはそのためである。古代の農耕生活は台風、洪水、旱魃など自然の脅威に絶えず脅かされていたから、自然の現象を支配して豊かな稔りを授けてくれる超自然的存在、つまり神への畏敬の念が生まれる。そこで、大雨や台風などの自然災害に遭うことなく、無事に豊作を迎えられるように、自然の神を祭る祭祀が行われた。神前に米と米酒を供え、祝詞を唱えて神の加護を願う神事が済むと、神酒と供物のお下がりを全員が分け合って飲み食いする直会《なおらい》を行った。神のご守護を頂くために神様と人とが一緒に飲食する「神人共食」という行事が行われるのである。古代の人々にとって、食べものは神の力を頂く媒介であるとみなされていた。人々は神に供えた酒のお下がりを飲んで、心を高ぶらせ神のお指図を訊こうとした。酒を飲むことで非日常の心理状態になり、神と一体になれると信じたのである。誰もが知っている邪馬台国の女王、卑弥呼はこの祭祀の巫術を行う司祭者、シャーマンであったらしい。

トウモロコシを主食とする文化圏ではトウモロコシが神聖視されていた。メキシコの高地民族は、トウモロコシは太陽の贈り物であり、太陽の息子が人間に与え、太陽の娘が栽培の仕方を教えたのだと信じている。だから、トウモロコシを料理する前には、必ずトウモロコシの神を慰撫する儀式を行う。中近東の乾燥地帯では麦が主要な作物であり、麦から作るパンとビールが神聖視されていた。仲間と一緒に焼いたパン、それを溶かしたビールを神と分け合って食べれば、神の御心に適うと考えられていた。紀元前３５００年頃、シュメール人が建設したメソポタミアの都市には必ず町の中央に守護神の神殿があり、住民は神殿にパンとビールを供えて祈り、その後でビールを飲む宴会を行っていた。紀元前１２００年頃、古代エジプトの中王国を統治したラムセス三世は、アモン神の神殿に31年の治世を通じて実に46万壺のビールを供物として捧げたと伝えられている。

狩猟民族が行う生贄《いけにえ》の儀式も神人共食の一種である。狩の獲物を山の神に供えて、そのお下がりを解体して仲間で分かち合い、神の恵みに感謝するのである。キリスト教会のミサで行われるパンと葡萄酒の聖餐も生贄の儀式であると解釈できる。イエスの肉と血を象徴するパンと葡萄酒を頂くことで、神とイエスにつながる紐帯を確認するのである。西欧の文化を支えてきたキリスト教では、パンに特別の宗教的意味づけをしている。例えば、新約聖書に「人はパンのみにて生きるにあらず」、「わたしが命のパンである。このパンを食べるならばその人は永遠に生きる」とあるように、最後の晩餐でイエス・キリストが弟子たちに分け与えたパンと葡萄酒を、ミサの聖餐に頂いて神の許しを分かち合う。キリスト教徒にとってパンを食べて生きることは、イエス・キリストと共に生きるという信仰を意味している。

我が国で、今でも季節ごとの年中行事や人生の節目に行われる儀式には、豊年万作、無病息災、夫婦和合、多産豊穣、子孫繁栄などを祈る料理を用意して神前に供える。正月の雑煮やおせち料理、節分の鰯と豆、中秋の月見団子、出産祝いの産飯、節句の菱餅や柏餅などには、どれも神人共食の願いが込められている。

2　仲間と一緒に食べる共食の習慣

人は食べ物を家族や仲間と分け合って一緒に食べる動物であると言われているように、仲間と一緒に食事をすることは原始の時代から人間だけが行ってきた文化行為なのである。動物としては体力の弱い存在であった人類は、仲間と協力しなければ獲物を捕えることが難しかったから、捕えた獲物は仲間と分け合って一緒に食べたのである。動物は獲物を得ればすぐに奪い合いになる。

１００万年の昔、人類が火を使うことを覚えたとき、人々は炉を囲んで暖を取り、火を使って食べ物を調理して一緒に食べることを始めた。食物を一緒にたべることで仲間の結束を固め、食物を分け与えることで愛情や友情を示したのである。それから食事の場は人々が集まり憩う中心になった。これが仲間と一緒に飲食する「共食」の始まりである。ファミリー（家族）とは大鍋を囲んで食べる人を意味し、一緒にパンを食べる人がコンパニオン（仲間）であるように、食物を家族や仲間と一緒に食べることは家庭や社会集団を形成する基本行為であった。人間だけが食物の分配と共食をすることにより、家族という特有の集団を築くことができたのである。

食べるということには人間の肉体を養うだけではなく、人の心を育てる役割がある。敗戦直後の食料難の時代には、家族が乏しい食料を分け合って暮らし、家族の中心は「食べること」にあった。世界のどの国でも食料の乏しい時代には家族は一緒に食事をしたのであり、親は空腹を我慢しても子供には腹一杯食べさせようとした。子供心にも親の有難さ、食べ物の大切さは身に沁みて分かるから、一緒に食事をすることが家族の連帯感を生みだしていたのである。

家族以外の仲間と一緒に食べる「共食」も大切である。古代ギリシャではシュンポシオンという会食が日常的に行われていた。シュンポシオンとは一緒に飲むという意味である。当時の貴族や裕福な市民は地中海の豊かな自然が与えてくれる穀物、果物、野菜、魚介を楽しんでいた。彼らは十数人集まり、寝椅子に凭れて奴隷が運んでくる料理を摘まみ、水割りワインを飲みながら政治、芸術、哲学などをテーマにして話し合った。当然ながら、食べることの意義についても議論が交わされた。

そもそも、食べることにどのような意味があるのかと最初に考えたのは古代ギリシャの哲学者たちである。彼らは神話や宗教に頼ることなく、人間の知恵と論理によって宇宙、人間、社会の根本をなしているものは何かを考えたのである。プラトンやソクラテスは、食べることは体を維持する栄養を摂るだけではなく、人間性、つまり、よく生きることに関わることであると考え、善き魂、善き生活のための食の在り方は中庸と節制にあると説いた。彼らにとって、「食べる」ということを考えることは、人が人である所以を考えることであった。食べ物をきっかけにして人は人と出会い、つながっていく。食を大事にすることは仲間を大事にすることに通じると考えていた。プルタルコスが著した「食卓歓談集」には食物や食習慣などについての問答が数多く収録されているが、そのなかで一緒に食べる会食には談義する喜び、団欒する喜びがあり、「われわれが食卓につくのは食べるためではなく、一緒に食べるためである」と述べている。食卓歓談集は食べることの意義を論じた最初の哲学書なのである。食べることも楽しいが、食べながら交わす会話がもっと大切であるという彼らの思想は、それから2400年経った今日でもヨーロッパの食文化の中に継承されている。

我が国でも邪馬台国の時代には、部落の全員が集まって神様に酒と飯を供えて豊作を祈願し、供物のお下がりを皆で頂く神と人の共食が行われていた。この時代の農耕は村落全員の共同作業であったから、収穫した作物は村落全員で分かち合い、全員が酒を飲み交わして団結することが必要であった。古代の王国では、仲間と一緒に飲食することは部族の連帯感を高める大切な祭りごとであり、支配者も被支配者も、集落の全員が同じ酒を飲み、同じものを食べるのである。奈良、平安時代の貴族社会、中世の武家社会では一族、郎党を集めて宴会をすることがしばしば行われた。同じ料理を食べ、酒を回し飲みして、主従関係を確かめ、一族の結束を固めたのである。日本料理の発展の歴史を振り返ってみても、平安時代の大饗料理、中世武家社会の本膳料理や懐石料理、江戸町人社会の会席料理などはどれも客をもてなす宴会食として誕生したものである。

現代でも戦前までは、季節ごとの年中行事や冠婚葬祭にはご馳走を作って、親類縁者や近所の人たちが集まって会食する習慣があった。冠婚葬祭の中心は宗教的な儀式より、儀式が済んだ後で行う宴会にあった。また、農村には農作業の節目に行う生活行事が多く、田植えや稲刈りが無事に済むと、手伝ってくれた近隣の人を集めて日ごろはめったに食べないご馳走で労をねぎらった。このような会食に参加することは村人の義務であり、行事食を一緒に食べることにより村落共同体の一員になれたのである。ところが、人口の75%が農村から都会に移動してしまった現在では、このような会食は存在の意義を失って廃れてしまった。最近の都会では隣近所の住民が一緒に食事をすることはほとんどなくなっている。中世の面影を残すイタリアの地方都市には、昔のコントラーダ（町内会）ごとに、昔の民族衣装を着て郷土料理を共にする集まりをいまだに継続しているところが多いという。ところが、筆者の住む首都圏の新興住宅地では町内の新年懇親会を開いても集まる人は少ない。近隣の人々と食を共にするという習慣はほとんど失われていると言ってよい。

しかし、結婚式や仏事、職場の旅行、慰安会、会社のOB会、同窓会、趣味の集まりなどには、必ず会食がつきものである。「同じ釜の飯を食う」という言葉があるように、一緒に食事をすることでお互いの心が通い、仲間の結びつきと信頼感が育つのである。多様な文化や民族が交錯し合う現代にあっても、食卓を共にして行う対面コミュニケーションが重要であることには変りがないだろう。

3　食のタブーとはどのようなものか

世界の各地には人々が習慣的に食用にしないものがたくさんある。たとえ、宗教で禁止されていなくても、多くの人が食べる気にならないものもある。そこには、社会全体に共通した、あるいはその社会の特定の階層に固有の食文化の規範があるからであり、それがいくつかの食べ物に特別の価値、あるいは禁忌感を与えることになる。それが食のタブーである。食のタブーの対象になる食べものは、動物の肉であることが多い。ヒンズー教徒が牛肉を食べず、イスラム教徒が豚肉を食べないように、特定の家畜の肉に対する忌避感はいったいどういうことから起こってきたのであろうか。

食のタブーは宗教の教えから生じたものが多く、イスラム教のコーランには豚肉を食べてはならないと定められており、ヒンズー教では神々が宿る聖牛を食べると輪廻転生の最下段に堕ちると教えている。しかしながらよく考察してみると、タブーの原因をすべて宗教に求めるのは無理がある。宗教と深いつながりがあるにしても、それだけがタブーのすべての理由だとはとても思えない。そもそも、触れてはならない、見てもいけないとされているものがタブーであると一般的には考えられているが、しかし、そのようなものが生活の中に残っているであろうか。あえて何かを禁じているということは、それがどこにでも存在し続けているということである。そもそも誰もが行いそうもないこと、あるいは存在していないものがタブーの対象になるはずがない。食のタブーは生活に必要な知恵、あるいは判断であると考えることもできるのである。

ヒンズー教徒が牛肉を食べず、ユダヤ教徒とイスラム教徒が豚肉を忌み嫌うようなったのは宗教上の規範からだけではなく、その文化圏の生活においては牛あるいは豚を食べることを躊躇する生活上の理由があったからではなかろうか。その地域の人間にとって有用な動物は食べてはならないタブーの対象になり、役に立たぬ動物は食用にされる、というのが常識的な解釈だろう。タブーになる食物はその社会における生活の在り方につながりがあると考えてもよい。それをその社会の食の規範であると考えるならば、タブーになる食べ物はその地域の文明を象徴するものとなる。このように、食のタブーを考えることは食の倫理とは何かを考えることにつながるのである。これらのことを、代表的な食のタブーについて説明してみることにする。

ヒンズー教徒の牛肉禁忌

インドの支配的宗教であるヒンズー教の信徒は牛肉を食べない。ところが、彼らの信奉するマヌ法典では鳥、豚、魚、そしてラクダ以外の家畜を食べることを禁じているが、牛肉を食べることを特に厳しく禁止している訳ではない。

ヒンズー教徒の食生活を律しているのは浄、不浄観であるが、それは「殺生」「不殺生」という観念である。「創造主、プラジャーパティはこの全世界を生命の食物として創造し……食べる者及び食せられる者の両者を造りたればなり」とある。誰が食べるのか、誰が食べられるのかは輪廻転生、因果応報の結果であり、今、食べているあなたもいずれ食べられる身になると教えている。肉のことをサンスクリット語でマーンサーというのは、この世で肉を食いしものは次の世で貪り食われるべしという意味だそうである。更に、「肉は生くるものを害することなくしては決して得られず。而して生類を害するは天界の福祉に障りあり、それゆえに肉を避くべし」と定められている。菜食が清浄なものとされているのは、それが不殺生の料理であるからであり、バターやヨーグルトなど乳製品も殺生をしたものでないから食することを許されるのである。

しかし、牛を殺生することを特に嫌うのは何故であろうか。ヒンズー教の復讐の神、シヴァは雄牛に乗って天を駆ける姿で、慈悲の神、クリシュナは牛飼いとして描かれているように、牛を崇拝することがヒンズー教の教義の中心に位置づけられているからである。聖なる牛には3億3000万の神々が宿っているから、牛を殺す者の魂は輪廻転生の最下層に堕ちると信じられている。だから、大多数のインド人は公然とは牛肉を食べない。特に最高位のカーストであるブラーマン（祭司階級）は完全な菜食を守っていて、卵も食べない。それで、現在、インドには世界最多の1億8000万頭もの牛が大切に飼われているのである。

しかし、インドではなぜ牛が神聖なものとして信仰されるようになったのであろうか、なぜ牛であって豚や馬ではないのか、それが宗教上の恣意的な選択であるとは思えない理由をインドの農耕の在り方に見出すことができる。ヒンズー教の最古の聖典、リグ・ヴェーダーは紀元前1800年ごろ、北インドに居住していた牛を飼う農耕民、ヴェーダー人の神々に対する讃歌である。彼らは宗教儀礼として牛を犠牲に捧げていたが、やがて農耕をするようになると牛を殺して捧げることを止めて、ミルクを供物にするように変わった。粗末な飼料で飼え、犂を引く力の強いこぶ牛を殺して食べることは得策でないという実際的な考えが、聖牛信仰に結びついたのではなかろうか。インド人にとって雌牛はミルクを与えてくれるだけでなく、農耕に役立つ友達なのであり、ほかの動物で代えることができない。

第４図　聖牛に住む神々

豊川裕之編『食の思想と行動』味の素・食の文化センター　1999年より転載

山羊、羊、豚は体格が小さく、力が弱いから農耕に使えない。ラクダは雨期の泥田での農耕に使えず、馬やろばは草や藁を多く食べ、家庭のごみでは飼えない。牛は今でもインドの気候と土壌に適したもっとも有用な農耕用動物なのである。中国でも牛を農耕に利用していたから、伝統的な中国料理には牛肉を使わず、もっぱら豚肉を使ってきた。中国で牛を食べるようになったのは、遊牧民族に支配された元の時代以降のことなのである。

イスラム教徒、ユダヤ教徒の豚肉禁忌

豚肉を食べてはならないと定めることは、食肉を効率よく調達するということから考えると極めて非合理的なことである。豚は生育が早く飼料を肉に変えるにはもっとも効率がよい家畜であり、しかも多産である。それなのに、古代イスラエルの神は豚肉を食べることを、それだけでなく豚に触れることさえ禁じたのであろうか。イスラムの聖典、コーランには「あなた方に禁じられたものは死肉、流れる血、豚肉、アッラー以外の名を唱えて殺されたもの」と定められている。他の動物は食べてよいのに、なぜ豚だけはいけないのであろうか。それは豚の習性と食べ物が不潔であり、不浄であるからだとされているが、はたしてそうであろうか。不潔なのは豚の生来の習性ではなく、飼い主がそのように飼っているからである。

中近東の荒涼たる乾燥地で遊牧の生活をしていたイスラエル民族の宗教であるユダヤ教の聖書には、

食べてもよい肉と食べてはならない肉が事細かに定められている。牛や羊、山羊のように蹄が二つに分れ、反芻をする動物は食べてよいが、そうでない猪や豚は不浄であるから食べてはならないのである。砂漠での運搬に使っていたラクダは反芻動物でなく、蹄をもっていないから食べてはいけないとされている。

なぜ、食べてもよい動物は反芻動物でなければいけないのかという答えは、農耕には適していない中近東地域における家畜の飼い方にある。牛、羊、山羊はセルロースを消化できる反芻動物であるから、人間が食べられない牧草、野草、干し草、木の葉などでよく育ち、人間が食べる貴重な穀物や作物を与える必要がない。ところが、豚は反芻をしないから牧草や野草で飼うことができず、人間が食べる穀物を与えなければならない。その上、豚は涼しい谷間や木陰を好み、日の照りつける乾燥地を苦手にしている。汗腺をもっていないので、体温を発散するためには泥の中で転げまわり、皮膚からの蒸散作用と冷たい地面への伝熱作用で体を冷やさなければならない。従って、中東地域で豚を飼うには羊や牛を飼うよりコストがかかるのである。人工的に日陰をつくり、泥だまりに水を用意し、人間が食べる穀物を餌に混ぜてやらなければならない。いずれにしても、羊と山羊、そして牛、鶏など食用にできる動物を多数飼っているのであるから、豚を不可食として食べなくても困ることはなかったのである。

欧米人はなぜ馬肉を食べないのか

ヒンズー教徒が牛を食べず、イスラム教徒が豚を嫌うように、ある文化圏では特定の食物に対する好き嫌いがみられ、ほかの文化圏ではそうではないのはなぜか。一般論としては食の慣習や嗜好は歴史の偶然的結果に過ぎず、人々の恣意的な判断や宗教的信仰によるところが大きいからと説明されてきた。食物の取捨選択はその食物の特質に求められるべきではなく、人々の恣意的な判断に多くを求められるべきだというのである。ほとんど非実用的、非合理的、あるいは無益、有害としか思えない不可解な食の選択やタブーが多いことが、このような考え方の説得力を強めている。

だが、そうではなくて、これまで述べてきたように、人間がすることにはしかるべき、ごく実際的な理由があるのであって、食物の選択とてその例外ではないと考えることもできる。先に述べたように、古代の人々が穀物を選んだか、肉や乳製品を選んだかはその地域の地勢や気象条件によって決まったのである。現代の市場経済では、食べるに適しているものはよく売れるものでもあらねばならないだろう。食べ物の物質価値とは別の価値判断がそこにはあるのである。コロンビア大学の人類学者、マーヴィン・ハリスは、好んで選ばれる食物、あるいは食べるに適しているとされる食物は、タブーとして忌避される、あるいは食べるに適しないとされている食物よりも、コスト（代価）に対するベネフィット（利益）がよいからだと説明している。忌避される食物は、それを生産し、料理するのに必要な手間に見合うだけの価値がないか、それに代わる安上がりで栄養のある食物が他にあるというのである。

マーヴィン・ハリスは、柔らかくて脂肪が少なく、ヘルシーな馬肉がヨーロッパやアメリカで好まれていないことを、コスト・ベネフィット説で説明している。野生馬を飼い慣らして家畜にしたのは中央アジアの遊牧民であるが、それは牛や羊の群れを追うためであり、食用や乳用にするためではなかった。馬は反芻動物ではないので牛、羊、山羊よりはるかに多くの草を食べるから、肉にするために飼うには適していない。それに加えて、中世には馬は戦闘に欠かせないものであり、騎士や貴族は戦場で騎乗する馬を大麦や小麦を与えて大切に飼育していたから、その馬を食用にすることは考えなかった。教皇グレゴリー三世が７３２年、馬を食べることを禁じる勅令を発したのはこの理由による。

やがて、重い甲冑を着た騎兵を乗せて活躍した頑強な馬は、鉄製の重い車輪のついた犂を引く農耕馬としても使われるようになる。フランス革命直前のヨーロッパには軍用、農耕用に１４００万頭もの馬が飼われていたが、その数は第一次大戦後から急激に減少し始めた。原因は、輸送手段が自動車に変り、農耕にはトラクターが使われ、戦場でも馬の代りに自動車が使われるようになったからである。食用にできる廃馬がいなくなったのである。

アメリカでも植民地時代から馬は多数いたが、食用には牛や羊を多数飼っていたので、馬を食用にする必要性はなかった。今日もアメリカには約８００万頭の馬がいるが、その大部分は愛護用や競馬用の馬である。食肉にするために馬を飼う精肉業者はいないわけではないが、生産された馬肉は海外に輸出されている。アメリカ人は一人当たり年間約68kgの赤身肉を食べるが、その60%は牛肉であり、39%が豚肉、1%が羊肉であり、馬肉はあまりにもわずかで数字にもならない。

4　人肉食はなぜ行われたのか

人肉を食べることは世界に共通する最大の食のタブーになっているが、昔、未開の国々で人肉を食べる食人（カニバリズム）という行為がなぜ行われていたのかは、今もなお謎である。

入手できる食物が人肉しかないという極限状態で人肉を食べることは一概に咎められない。救命ボートで漂流中の船乗り、雪のアルプスで遭難した旅人、敵に包囲された町の住民などは、仲間の死体を食べなければ飢え死にをする。帆船で長く危険な航海をしていた時代、船乗りが生き延びるために人肉を食べることは「海の慣習」として認められていた。第二次大戦中には敗走する日本の兵士たちが、飢えに耐えられず仲間の死体を食べたことが報告されている。背に腹は代えられずやむなく人肉を食べたもっとも新しい事例は、１９７２年にウルグアイのラグビーチームを乗せた飛行機がアンデスの山中に墜落したときに起きた。この時の生存者は死んだ仲間の肉を食べて生き延びたのである。

これらの事例のように、人間が本当に飢えたときには「人間を食べるのはよくないことだ」、「倫理に反する」というだけでは済まされないことが起きる。

ここで問題にするのはそのような極限状況でのことではなく、ほかの食べ物が手に入るのに互いに食べ合う人々の心理である。16世紀の大航海時代、ヨーロッパ人による探検が奥地に広がるとともに、カニバリズムのおぞましい報告が増えた。それらの多くは信憑性が疑わしいが、なかには信用できる体験談もある。コロンブスの二度目の大西洋横断に同行した乗組員は、カリブ海のグアドループ島で住民が食人するのを見聞している。その時の船医が故郷に送った手紙によると、島の住民は生け捕りにした敵を家に連れ帰って食べ、戦いで死んだ男の死体は戦いが終わった後で食べつくしたという。1554年、難破してアマゾン河口のトゥピナンバ族に捕えられたドイツ人探検家、シュターデンは、16人の仲間が料理されて食べられるのを目撃した恐ろしい体験談を残している。

この他にも確かな根拠のある事例が報告されているから、社会的慣習としてのカニバリズムが現実に存在していたことについては疑いの余地はない。そのうえ、考古学の資料から判断すると、それはきわめて広い範囲で行われていたと考えられるから、カニバリズムは常軌を逸した行為であって、異常なものだと考えることが難しくなる。ロビンソン・クルーソーは従僕にした現地人、フライデーが食人しようとすることを、「彼らはこれを罪として犯しているのではない。良心の呵責を感じているわけではない。……彼らが人肉を食べることを罪だと考えないのは、われわれが羊の肉を食べるのを罪だと考えないのと同じだ」と述べている。

とすると、考えるべき問題はカニバリズムの道徳性ではなく、その目的である。カニバリズムはタンパク質を補給する単なる摂食行動なのであろうか。確かに報告されたカニバリズムの事例には、そう考えてよいものがある。どの社会でも近親者を殺して食べてはならないというタブーは、人間が集団で暮らし、助け合って生きてゆく基本的な規律である。としたら、食べてよいのはよそ者や敵の人肉でなければならない。つまり、戦争で捕虜にした敵の戦士を食べる戦争カニバリズムなら許されるのである。彼らは人肉を手に入れるために戦争をするのではないが、戦争を行った副産物として捕虜の肉を食べたのである。捕虜の人肉は戦士たちの戦地食となり、村で待っている女たちへの土産にされた。メキシコのアステカ帝国では、人間の供犠とカニバリズムを国家主催で行っていた。毎年殺されて食べられた捕虜や奴隷の数は少なく見積もっても1万5000人以上だったと伝えられている。彼らは家畜を持たず、動物性食物に飢えていたからである。

しかし、カニバリズムには何らかの精神的な意味があると考えてよい事例もある。つまり、人肉には単なる食べ物以上の価値があると考える文化があるのである。パプアのオロカイ族は、死んだ仲間の霊魂を村に留めておくためにその死体を食べていた。ニューギニアのフア族は、仲間の生命の液体、ヌーを再生させてやるために食べるのである。メキシコのアステカ族にとって戦いで捕えた敵の戦士を食べるのは、その戦士の勇気と力をもらうためであり、一人食べれば二人力、二人食べれば三人力になると考えていた。

このようなカニバリズムは、人肉食に空腹を満たし、栄養を摂る以外の効果を求める行為なのである。つまり、人肉には象徴的価値や魔力があると考えて食べるのであり、食べることに精神的な意味があることを発見したということになる。現在では生きるためだけに食べている社会はない。どの社会においても食べることは大なり小なり文化的な意味のある行為なのである。原始の村々でかつて行われていたこのようなカニバリズムは、食べることが生理的な実用行為だけに留まらなくなったという人類食文化史上の革命的変化であったのかもしれない。原始の人食い人種も、現代のベジタリアンも同様に、人格を磨き、力を伸ばし、寿命を延ばすと思う食べ物を食べているのである。このように考えるならば、人食い族は食べることに精神的意味を見出した最初の人種なのかも知れない。

ところで、このような戦争カニバリズムは、食料の生産システムが整備されると行われなくなる。未開の社会では、捕えた捕虜を働かせる生産システムが未発達であったから、捕虜は殺すか、食べるか、どちらかにしなければならなかった。しかし、国家レベルの社会には捕虜の労働力を活用できる生産経済が備わっているから、捕虜を殺す必要がなくなり、人肉を食べるのを強く禁じる道徳、倫理体系が確立するのである。

5　肉食を禁忌する思想

世界の各地には宗教上の理由により、人々が食用にしない食べ物がある。その一つの例は、日本人が明治維新になるまで獣肉を食べなかったことである。肉食が禁忌されていたことは仏教信仰と深い関係がある。欽明天皇13（552）年、百済から伝来した仏教は歴代天皇の帰依を受けて国家の鎮護を祈祷する国家宗教になった。天武天皇は仏教の殺生禁断の戒律を守るために、天武4（675）年に肉食を禁止する詔を公布した。農耕が忙しい4月から9月までは牛、馬、犬、猿、鶏を殺して食べてはならないという命令である。

しかし、民衆の多くはまだ仏教の殺生戒律を知らなかったから、狩猟、漁撈を全面的に禁止することはできなかったのであろう。そこで、殺生禁断の詔はその後、何回も繰り返して発布された。なかでも、聖武天皇は天平17（745）年に、今後三年間、一切の禽獣を殺してはならないと厳しく命じている。中国では殺生禁断の戒律は寺院の僧侶だけで守られ、民衆に強制されることはなかったが、わが国では仏教が国家権力と結びついていたため、一般民衆にまで肉食禁止が強制されたのである。

それでは、昔の日本人は動物の肉を全く食べていなかったのかと言えばそうではない。縄文時代には猪や鹿などの肉は貴重なタンパク源であり、貝塚からは多くの獣骨が出土する。弥生時代には野獣、野鳥はもとより、家畜として飼っている牛、馬、豚や犬、鶏なども食用にすることがあった。中世になって仏教信仰が民間に広まってからでも、武士が武術修練のために狩猟を行って、その獲物を食べるのはごく普通のことであり、農民は農作物を荒らす鹿や猪を捕えて、その肉を健康の維持、病人の体力回復のために「薬喰い」していた。また、同じ日本人でも、北海道、沖縄、そして本州でもマタギなど山の民には肉食禁忌の思想はない。寒冷な北海道では米はもちろん、稗や粟を栽培しても十分な収穫は得られないから、食料は狩猟や漁労で得られる、サケ、マス、ニシン、そして鯨、アザラシやオットセイ、更に、熊、鹿、兎などが主にならざるを得ない。アイヌの人々が行う熊祭りや鮭送りの儀式は、熊や鮭が肉や毛皮を人間に与えて歓待された後、霊となって故郷に戻され、再び山や海に戻ってくるという北方系狩猟、漁労民に共通の生命観に基づいている。

しかし、宮中から始まった肉食の禁忌は次第に一般民衆の食生活を規制するようになっていく。中世になり仏教信仰が民間にまで広まると、肉食をすることは仏教で禁じている殺生を犯す行為であり、血に汚れた忌み嫌うべき穢れた行為であると考えて、牛、馬、鶏、そして卵を食べるのはタブーとなったのである。稲作を営んできた古代の日本人には血の穢れを忌み嫌う観念があり、穢れがある食物を食べると神の怒りに触れると信じていた。

殺生を穢れとする意識は殺生の対象となる生き物が人間に近いほど強い。農耕に使う牛、戦闘に使う馬、身近に飼う犬、鶏を殺すことは嫌うが、野生の獣、鳥、魚を獲ることはそれほどでもない。川や海で魚介類を獲ることは動物性タンパクを食べるために止められなかったが、家族同然に暮らしている牛馬、そして犬、鶏を殺して食べることは躊躇したのであろう。江戸時代になると鶏と卵は食べるようになったが、牛馬は明治維新になって肉食が解禁されるまで頑として食べなかった。

東南アジアの米作地帯では残飯で豚を飼って食用にするのが普通であるが、日本では平安時代以降は豚を飼うことも止めている。中国、インド、西アジア、アフリカ、アメリカ、ヨーロッパでは人々は肉用、乳用にする家畜と共に暮らしてきたが、わが国では水田稲作を中心に農耕を行っていたから、農耕、労役に使う牛馬は食用、乳用に利用するものではないと考えていたのである。そして、中世以降に肉食禁忌の思想が民衆にも定着した背景には、農業技術が発達して生産力が向上し、忌み嫌う畜肉を食べる必要がなくなったことも関係している。

ヨーロッパ諸国では、肉食をすることをどのように考えていたのであろうか。ヨーロッパは冷涼で雨が少なく農耕には適していない地域であったから、農業だけでは十分な食料を得ることができず、家畜を飼ってそのミルクや肉を食べることが必要であった。しかし、自分の飼っていた家畜を殺すという人間らしからぬ行為を伴うので、それを正当化する思想が必要になる。キリスト教の母胎になったユダヤ教では、牛や羊、ヤギのように蹄が二つに分れ、反芻をする動物は食べてよいが、そうでない猪や豚は不浄であり食べてはならないと律法で定めている。キリスト教にはこのように動物を選別する思想は伝承されていないが、創世記には人間は現世の絶対の支配者であり、動物は人間の食べ物として神が恵んでくれたものであるから殺して食べてもよいと記されている。ただし、動物の命も神が支配しているものであるから、肉食は神に許しをもらってから享受する必要があると考えられていた。

ところで、ヨーロッパと同様に家畜を多く飼っているのに、インド人は公然とは肉食をしないのである。最高カーストのブラーマンは絶対に肉食をせず、牛乳を摂ることを除けば完全な菜食で過ごし、卵すら食べない。もっとも、そのほかのカーストはわずかながら肉食をすることもあり、最下層の不可触賤民には肉食の制限がない。家畜を多数飼っているのに肉食をしないのが理想であるとするインド人の考えは、同じ牧畜民でも肉食を好むヨーロッパ人には理解しがたい。肉食を公然とは認めないインド人の思想の背後には、農耕に使う家畜を殺して食用にすることに大きな抵抗があったからだと思う。ヨーロッパと同様に身近に多くの家畜を飼育しているにもかかわらず、なぜそうなったのであろうか。

その遠因はインドが牧畜適地ではなく、穀物の栽培適地であることにある。インドは6月から10月まで日本と同じように高温多雨であるから穀物栽培に適している。従って、住民の主な食料は穀物であるが、島国の日本とは違って魚介類が入手しにくいので、最低限度の動物性タンパクを確保するには、ある程度は畜肉、乳製品に頼らざるを得なかった。事実、インド人の牛乳消費は日本人の3倍も多いのである。だから、農耕社会と同じように、人間と動物を一体視する輪廻思想が生まれやすい。インドで広く信仰されているヒンズー教では農耕に使用する牛を神聖視しているのもそのためであろう。ヨーロッパと同じように多数の家畜を飼育していても、その用途の違いが両者の肉食に対する考えを異なる方向に発展させたと言ってよい。

いずれにしても、肉食を禁忌する思想の根底にあるのは、自然界における動物と人間の命をどう考えるかという宗教観である。農業を行っている国々の宗教においては、生けるものの輪廻転生を信じて肉食を避ける傾向が強く、インドで興った仏教には殺生を禁じる戒律があり、ヒンズー教やジャイナ教では菜食主義が守られている。これに対して、牧畜を生業としてきた西欧諸国の宗教であるユダヤ教、キリスト教、イスラム教では、人間の生命を養うために動物の命を奪うことを神が許していると考えて、肉食を容認しているのである。

6 ベジタリアニズムの思想

ヨーロッパにおいても肉食禁忌の思想が全くなかったわけではない。古代ギリシャの数学者ピタゴラスはベジタリアニズム、菜食主義の創始者だと言うことができる。彼とその仲間であるピタゴラス教団では、生命の同族性、魂の転生を信じて殺生、肉食を禁じ、且つ、徹底した節食、節制の菜食生活をしていた。また、肉食をしなければ人間は向上できると信じるカトリック系のカルトゥジア会やシトー会では、厳しい菜食主義が守られていた。

このように宗教上の倫理観に基づいて美味な肉食を禁欲する菜食主義は古くから存在した。仏教には殺生を禁じる教えがあるので、我が国では僧侶のみならず一般の民衆も牛や馬を食用にしない食生活を近代になるまで守ってきた。ヒンズー教には輪廻転生の観念から菜食主義を守る信徒が多いし、ジャイナ教ではきわめて厳格な菜食主義が守られている。キリスト教でも肉食は神の許しを得て行うものであるとされていて、美味な肉食を抑制することは修行になると考えられていた。

しかし、信仰に従って肉食をしない人たちだけが、ベジタリアンではない。動物・鳥など生き物の命を奪って食べることをよしとしない考えに基づいて、動物性食品の摂取を避けて、穀物、豆類、野菜、果物を中心にした食事をする人々もベジタリアンである。論理的な信条に従って、あるいは栄養学的な知見に基づいて、菜食を実践するイデオロギストなのである。ベジタリアンは、宗教、健康、栄養、美容、動物愛護、環境保全など様々な理由から、動物性の食品を拒否するという信条の持ち主なのである。つまり、ベジタリアニズムは個人的な食の信条に基づく倫理的な行動であり、食べることについて人間性と精神性を追求する食の思想であると言ってよい。

従って、ベジタリアニズムは何ごとについても個人の自由を認めるようになった近代社会において大きく発展することになった。その近代のベジタリアンの中には、ベジタリアニズムを自分の生活の中で実践するだけに留めず、社会的活動にまで拡張しようとした思想家がいた。我が国でよく知られているのは、自然主義運動を実践した文豪トルストイと童話作家、宮沢賢治である。ロシアの作家、レフ・ニコラエヴィチ・トルストイ（1828〜1910）は帝政ロシア時代の貴族の四男として生まれた。彼は食に関することは個人の生き方にかかわることであり、社会の在り方にもかかわると考えていた。善き生活を実現するためには、自己の欲望をおさえ、他人への愛と配慮、そして労働が必要であると考えて、それを実践するために禁欲的なベジタアリアニズム生活を実行したのである。

彼にとって、食べることは自分だけが生きるためではなく、他者と共に生きるためでもあったから、領地の広大な農場、ヤースナヤ・ポリヤーナを開放して農民と共に農作業をして自給自足のベジタリアン生活をした。この生活は「農業をして暮らすことは人間らしい唯一の生活であり、農業をすることにより最高の人間の生活が実現できる」というロシア農民主義、ユートピア主義の理念を実践したものでもあった。しかし、このような生活は貴族的な生活に執着する夫人との不和を生じることになり、悩んだトルストイは家出をして旅先の駅舎で客死したのである。日本では、作家、武者小路実篤（1885〜1976）がトルストイの思想に共鳴して宮崎県木城村に「新しい村」という農業協同体を開設し、農作業を共にして生活することにより自然との共生とベジタリアニズム精神を実現しようとした。

童話作家、宮沢賢治（1896〜1933）は、「フランドン農学校の豚」、「ビヂテリアン大祭」など食の世界を扱ったいくつかの作品を通じて、「食」というものをあらゆる生き物の「いのち」の問題、「生と死」の問題として考えようとした。彼が考えるベジタリアニズムとは、あらゆる生き物の命を尊ぶという仏教信仰からくるものであった。彼が理想としたベジタリアニズムは、人間の「食」を支えてくれている大地、森、山、川、海、植物、鳥、動物と、そして人間が共に生きる世界の実現であった。

その後に展開された菜食主義運動では、栄養学の知識に基づき肉食の弊害を説き、菜食が健康に良いことを推奨するものが多く、穀物と果実、野菜だけで暮らすベジタブル健康法が数多く提唱された。ベジタリアニズムを推奨する根拠を、宗教ではなく、科学に求めた結果である。更に近年では、環境保全、エコロジーの観点からベジタリアニズムが支持されるようになった。人口の増加に対応して食肉を増産するより農作物を増産するのがはるかに効率的であり、自然環境に優しいと考えるベジタリアンが多くなったのである。このように、人間を地球生態系の一員として捉え、自然環境、生物環境との共生を考えて食べるという理念は、菜食主義者だけではなく、広く一般人に必要とされる現代の食の思想であると言ってよい。

7　富と権力を誇示する豪華な宴会

日本書紀に記されている宣化元年の詔には「食は天下の本なり。黄金万貫ありとも、飢を癒すべからず。……胎中之帝より、朕が身に到るまでに、穀稲を収蔵めて、儲粮を蓄へ積みたり」とあるように、食物は人間が生きていくために誰もが必要とするものだから、食物を多く蓄えることは富と権力そのものであった。古代社会や中世社会においては、食物は今よりもずっと貴重なものであったから、支配者は食べものの多くを独占すること、そして、それを分配することで権威、権力を誇示することができたのである。つまり、民は権力者に食物を献上して従い、逆に権力者は蓄えた食べ物を民に分け与えて従わせるという支配の構図が生まれるのである。原始の時代、食物は神と人間の交流の手段に使われていたが、やがて神の代理を務める権力者によって管理、分配されるようになり、神の権威をかりた支配者と神の威光に支配される民衆という二つの社会階層が分かれてくる。食物を巡って、神と人間との関係が、人間と人間との支配、被支配の関係に変るのである。

権力、財力のある天皇や貴族は山海の食材を集めた豪勢な食事をするが、大多数の官人や農民は玄米飯に茹で野菜とあらめ汁という貧しい食事しかできなくなった。それまでは支配者も民も同じものを食べていたが、身分階層が分化すると、身分によって食べるものが違う「食の階層化」が生じたのである。我が国では奈良時代に始まった身分や階層による「食事の格差」は、第二次大戦後になって誰でも同じような食事ができる「食の民主化」が実現するまで続くことになった。

古来、権力者たちは同族や家臣たちを集めて、料理や酒を振舞うことで自己の権力と経済力を誇示するのが常であった。我が国で、平城京の造営が完成したのは和銅３（７１０）年である。この壮大な新都の宮中で行われる秋の新嘗祭、２月の祈年祭、元日の節会、節句の節会などには、必ず飯、汁物、生の魚介、干し物、嘗め物、菓子などを品数多く揃えて酒宴が催された。延暦13（７９４）年に都が平安京に遷されると、天皇に代わって権力を握った藤原一族の貴族たちは、大饗と称する大規模な宴会をしばしば催していた。新年を祝う正月大饗と大臣に任じられたことを祝賀する任大臣大饗な

第5図　平安時代、大饗に招待された貴族たち

『年中行事絵巻』より

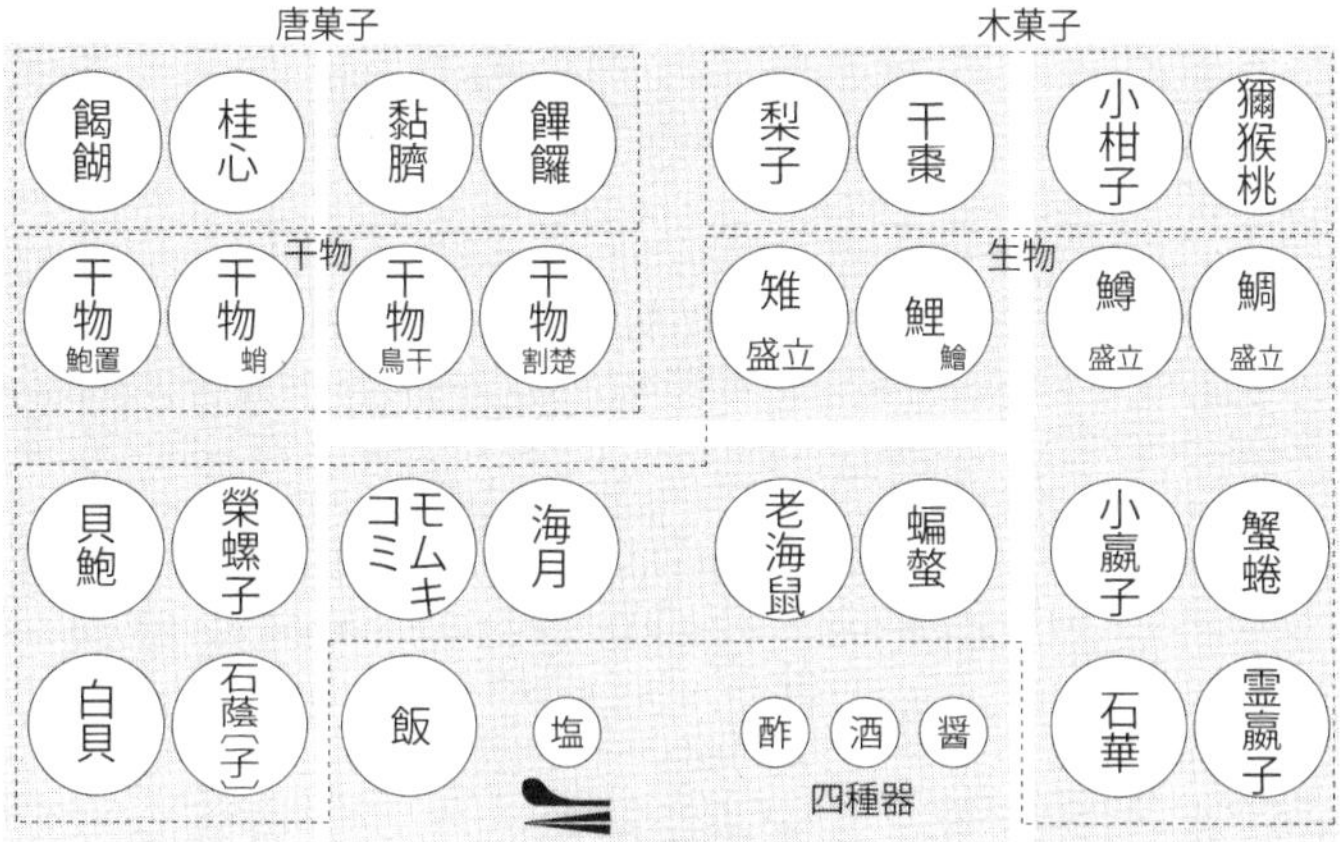

平安貴族の大饗の献立

橋本直樹著『食卓の日本史』勉誠出版　2015年より転載

どはその代表である。大饗とは数多くの料理を並べて権力者が自らの威勢と財力を誇示する儀式であった。古代から人が集まって一緒に飲食をすることには社会秩序を保つという重要な役割があったが、大饗はその役割を儀式化したものである。

永久4（1116）年に藤原忠通が内大臣に任じられた祝いの大饗の記録が残されているのでそれを紹介してみよう。まず台盤という中国風のテーブルに料理を所狭しとばかりに数多く並べて、客と主人が台盤を囲んで椅子席につく。酒と肴が運ばれると、まず藤原氏の長者、頼長が杯をとって飲み、その杯を参集した公卿たちに身分、序列の順に巡らせる。これが、第一献である。次に二献として客だけで杯を巡らせる。三献は再び頼長より飲み始めて客に杯が巡る。上座から順に、杯が一巡するのを「一献」と言い、三つ組の杯を順に使って「献」を三回繰り返すと「三献」になる。神人共食の時代には酒は神様の下さりものであったが、この時代には権力者からの下さりものに代わったと言える。以来、我が国の宴会では酒を同じ杯で一座の人が回し飲みするのが習慣になったのである。

三献の儀礼が済むと飯と汁が運ばれてきて饗宴になる。饗宴の料理の品数は客の身分によって差別があり、皇族などには20種類の料理と8種類の菓子、合わせて28品が供されたが、陪席する公卿には20品、少納言など官僚クラスには12品であった。饗応の会食が済むと、主客は別の場所に移り、床に円座を敷いて坐り穏座《おんのざ》という酒宴をする。酒肴が運ばれ、公卿たちは酒を飲み、楽器を奏でて楽しむのである。穏座は飲めや唄への無礼講であり、現在の二次会に相当する。

招待客に対して、その人の地位にふさわしい料理を給仕するのはヨーロッパでも同様であった。宴会に招かれた客はその地位によってテーブルを別にするのである。15世紀、イギリス司教の就任を祝う宴会の記録によると、著名な招待客はホールの上座のテーブルに席を与えられて45種類の料理を給仕されたが、一般の会食者は下座のテーブルで17種類の料理を分け合っている。

平安時代の大饗の会食は次の中世武家社会に受け継がれ、上流武家の式正料理（公式の宴会料理）である本膳料理に発展した。室町幕府の重臣が足利将軍を自邸に迎える御成りの宴会では、膳をいくつも並べて品数多くの料理を載せた豪華な本膳料理が供応された。客の正面に据える本膳には飯と汁と菜を数品載せ、その右に二の膳、左に三の膳を並べてそれぞれ別の汁と菜を載せて供するのである。七の膳まで並べれば、料理の品数が八汁二十三菜にもなるから、とても食べつくせない。本膳料理は儀礼食であり、全部を食べるものではなかったのである。

永禄４（１５６２）年、将軍、足利義輝が家臣の三好義長邸に御成りしたときの式次第が詳しく記録されている。まず、将軍と従者が到着すると、将軍と招待者の三好義長が主従の杯を三度交わす式三献の酒礼が始まる。次は饗膳になり、七の膳まで並べる本膳料理で八汁二十三菜、と菓子八品が供された。饗膳が済むと演能を観賞しながら酒を飲む酒宴が、四献から十七献まで夜を徹して繰り返されたと記録されている。天正10（１５８２）年、５月15日と16日の両日、織田信長は武田勝頼の討伐に協力した徳川家康を安土城に招いて饗応した。両日ともに夕食には五の膳まで揃えた本膳料理で饗応が行われた。天正16（１５８８）年、豊臣秀吉は聚楽第に後陽成天皇の行幸を仰いだ。「行幸御献立記」によると、山海の珍味を集めた本膳料理で初日は九献、次の日は七献まで豪華な饗応が行われた。文禄３（１５９４）年、豊臣秀吉が前田利家の邸を訪ねた時の饗宴の献立は、型どおりの式三献の後、五つの膳を並べる本膳料理で三汁二十七菜と、引き物、菓子十八品が供され、酒宴は四献から十三献まで繰り返された。

織田信長も豊臣秀吉も新たに手に入れた権力、財力を誇示するために出来る限りの豪華な本膳料理を用意したのである。農村でも庄屋や名主階級の婚礼には二の膳付の本膳料理が振舞われた。本膳には一汁六菜、二の膳には一汁三菜という簡素なものであるが、海に遠い山間部であっても鯛や海老、卵、かまぼこなどが使われるなど、村の長としての権威を示す接待料理であったのである。

しかし、江戸幕府による幕藩体制が確立し、将軍、大名、家臣の身分が固定してしまうと、このように料理の内容よりも料理の品数が多いこと、料理が見栄えすることを競う本膳料理の役割は不要になった。徳川幕府は士農工商の身分制を厳しく維持して、それぞれの分限（身分）に応じた生活を強要した。大名に対しても同様であり、料理の品数を競って饗応することを禁じた。寛永元（１６２４）年、二代将軍秀忠が紀伊藩主徳川頼宣邸に御成りしたときには、一汁七菜の本膳、二汁五菜の二の膳、二汁三菜の三の膳で簡単に済ませている。幕臣たちにも宴会料理が華美になることを禁じ、老中を招いても三汁五菜と酒肴五品、国持大名同士なら二汁七菜、その家臣は二汁五菜を超えぬように定めていた。しかし、農民たちには豊作、不作に関係なく苛酷な年貢を課し、日常は粟、稗、青菜の雑炊で過ごすよう強要した。食べ物を社会身分の格差付けに使うという思想は変わることがなかったのである。

8　朝、夕二食で我慢する節食の思想

日本人の誰もが朝食、昼食、夕食と一日に三度食事をするようになったのは江戸時代からである。古代から中世末期までは朝食、夕食の二食で過ごしていた。狩猟、採取の生活をしていた原始時代にはいつ食事をするかは決まっていなかった。食べ物が手に入ったときに食べていたのであろう。縄文人や弥生人が一日に何回食事をしていたかは分からない。しかし、炉に火を焚いて炊事をするのは手間のかかる大仕事であったから、食事時は早朝か、夕方に決めていたに違いない。

平城宮跡から出土した木簡に「常食朝夕」と書かれたものがあるから、奈良時代の貴族階級は朝夕二回、食事をしていたと考えてよい。平安中期の宮廷では、朝御食《あさみけ》は午前10時、夕御食《ゆうみけ》は午後4時ごろに供奉すると決まっていた。しかし、宮中でも下働きには昼に握り飯を支給し、兵士には間食用の米を支給していた。激しい労働をする農民、漁民、大工職人などは昼時に硯水《けんずい》、あるいは間炊という軽い食事をしたが、働かない時には食べなかった。

しかし、鎌倉時代になると、朝廷をはじめとする公家社会では朝食を済まし、午後2時ごろに軽い昼食を食べ、夕食を夜になってから摂るようになった。鎌倉時代から室町時代には農業技術の著しい発達があった。灌漑技術の発達や肥料の改良、品種改良などによって米の生産量が飛躍的に増大し、二毛作はもとより地域によっては三毛作も行われた。それまでの農村では、領主に年貢を納めれば、農民の手元には命をつなぐだけの食料しか残らなかったが、生産力が増大したことによって一日に三度食事をする余裕が生じたのである。そこで、公家や僧侶、武士などは一日に三食を食べるのが普通になり、毎日のように酒宴を行うようになった。禅寺の修行僧はそれまで朝に粥を食べるだけの一日一食であったが、日中に点心（軽食）を食べるようになり、やがて夕食も摂るように変わったのである。しかし、誰もが一日に三食を食べるようになったのは、江戸中期、17世紀後半以降のことである。経済活動が活発になり、日が暮れても燈火を灯して仕事をするようになると、夕食を摂るのが遅くなるから、どうしても昼飯を食べておくことが必要になったらしい。

中国大陸やヨーロッパではどうであったのであろうか。中国では紀元数百年前の戦国時代から一日二食が普通であり、宋の時代になってから上流階級は朝夕の食事のほかに、一回か二回の点心を摂るようになった。エジプトでは紀元前13世紀、古代新王国の時代から一日三食であり、ギリシャの都市国家でも一日三食であった。ところが、ローマ時代になると、朝食をごく軽く済ませて、昼の正餐と夕食をしっかり摂るようになり、その後、近世まで一日二食の習慣が長く続いていた。13世紀のカスティーリヤの農民はパンとチーズにワインの昼食を摂り、夕食にはそのほかに野菜と肉、あるいは魚のポタージュを食べていたが、収穫の季節には朝に軽い食事をしていた。14世紀、フランスの貴族、ブルゴーニュ公爵家では、朝10時に正餐を摂り、夕方6時に軽い夕食を食べていたが、成長期の子供には朝の7時か8時に半熟卵と焼き林檎とスープの朝食を与えていた。

つまり、日本でもヨーロッパ諸国でも、誰もが一日に三回の食事をするようになったのは、僅か300年ほど前からなのである。それまで一日二食の習慣が長く続いていたのは、基本的には飢饉などが多く、食料が十分になかったからであろう。人間は食べなければ生きていけないから、人々は乏しい食料を仲間と分け合うために欲しいだけ食べることを慎んだのであろう。この習慣が中世に広まった仏教あるいはキリスト教などの信仰と結びついて、日に三度食べるのは罪悪であるという禁欲思想になったと考えてよい。

鎌倉時代の禅僧、無住国師の「雑談集」に、「昔の寺はただ一食にて、朝食一度しけり。次第に器量（修行心）弱くして、非時と名付けて日中に食し……」とあるように、禅寺では日に一度の食事で我慢するのが修行であった。中世のキリスト教社会では、人間は神の僕《しもべ》として貪らずに食べるという食の節制、自制が求められていた。美味なものを我慢することが贖罪になると信じられていて、肉を食べない精進日や何も食べてはいけない断食日が一年を通じて数多く定められていた。必要以上に何度も食べること、また必要もないのに食べることは「腹の貪欲」という大罪であり、「一日に一度食べるのは天使の生活、二度食べるのが人間の生活、腹を空かせた労働者が一日に三度も四度も食べるのは動物の生活」であった。今日、よく使われているグルメ、グルマンディーという言葉も、当時は貪り食べることを意味していて、美味な料理を欲しがるのは大食の罪になるとされていたのである。

しかし、洋の東西ともに、信仰の束縛から解放されて人間らしい生活を楽しむことができる近代市民社会が到来すると、一日三食の習慣が広まったと考えてよい。しかし、一日二食から三食への変わり方は東西で異なっている。日本では朝食と夕食であったところに後から昼食が加わったのであるが、ヨーロッパでは昼食と夕食であったところへ朝食が加わって一日三食に変わったのである。ヨーロッパでは昼食が最も充実した食事であり、時間をかけて楽しむのが習慣である。そこへ割り込んだ朝食を英語でブレックファーストというのは、夕食から翌日の昼食までの断食を中断するという意味である。だから、パンとバターに、コーヒーか紅茶という質素なコンチネンタル・ブレックファーストが今でも続いている。日本では夕食に重きが置かれていて、昼食はいまだにとりあえず空腹を満たせばよいと軽く扱われている。家庭の主婦は朝食の残りものか、あり合わせのもので済ませ、勤めに出る主人や学校に通う子供は給食や軽い外食、あるいはコンビニ弁当などで済ませている。

9　キリスト教における食の禁欲思想

そもそも、キリスト教では、人間には食に関する「原罪」があるとされている。イエスは「罪は外から体の中に入ってくるものや食べ物から生まれるのでなく、人間の内部から生まれる」と教えているので、大食や暴食は罪になるのである。そこで、神の僕である人間には食に対する清貧、貞節、従順などの節制が求められることになる。節制とは肉食をするという快楽に対する禁欲でもあるから、肉食を徹底して否定し、実践した人が聖人として信徒の尊敬を集めたのである。食べることは信仰生活を支えるものであっても、快楽を得るためのものではないと考えられていたから、美味であり、淫欲を掻き立てる肉食をしないことが贖罪になるのである。修道院では肉を食べないで、豆と野菜の食事を基本とする二食で過ごしていたし、一般の信徒もキリストの死を偲ぶ金曜日には肉を食べなかった。そして、食事の前には胸に十字架を当てて、日々の食事を与えてくださる神の恩沢に感謝してから食べる習慣が今も続いているのである。

食べ物が乏しかった時代には食事を楽しむことが人生の大きな目的になるが、このような願望に溺れることは本能の赴くままに生きることにもなる。ここに、本能的な食の欲望を抑制することによって人間らしい生き方ができるという思想が生まれるのである。キリスト教神学の権威トマス・アクイナスは、最も美味で、最も刺激が強い畜肉、鳥の肉、乳製品や卵を食べることを慎むように教えている。魚肉が除外されていたのは、色欲を掻き立てることが少ないと考えられていたからである。このように、中世ヨーロッパ社会の食生活を規制していた思想は、キリスト教の禁欲主義であった。

キリスト教やユダヤ教には、断食は贖罪になるという思想が古くからあった。イエスが荒野で40日間断食して修行したことを偲んで、イエスの復活を祝う復活祭の前の40日間（四旬節）には肉食をしないで断食を行うのである。これには、四旬節が行われる冬の終わりには、秋に蓄えておいた塩漬け肉が底をつくので肉を食べないで辛抱する実際的な必要もあったらしい。また、贅沢な食事をしている豊かな人々にもこの期間には厳しい断食を課して、日頃の食の不平等感を解消しようとする意図もあったという。

数週間にわたる完全な断食は聖人でなければ成し遂げられないが、それほどでもない軽い断食ならば、キリスト教をはじめ世界の多くの宗教社会で僧侶や修行者だけではなく、一般の信徒も実践した。例えば、ユダヤ教では一般民衆も安息日には一切の飲食が禁じられている。イスラム教徒はラマダーン（断食月）の1か月には、日の出から日没まで何も食べず、水も飲まない。暑く乾燥した地域で水も飲まずに働くことは大変つらいことであるが、それだから神にすべての過去の罪を許され、恵みを与えられると信じている。キリスト教徒にも断食をしなければならない日が数多く定められていた。普段の断食日は精進日とも呼ばれていて肉を食べずに過ごすだけでよいが、四旬節には肉と脂、チーズや卵も食べてはいけない。四旬節、四季の祭日とその前日、6番目の曜日（金曜日）など、断食するべき日を数えると、年間に合計、93日にもなったという。仏教の社会でも、親族の命日には魚や肉を食べない精進食をする習慣がある。

このように断食をするのは、どの宗教においても現世の我欲、快楽、エゴイズムなどの抑制と引き換えに神の恩沢を願うためである。シャーマンや呪医は断食をすることにより生理的機能が低下した非日常的状態となって、超自然的存在である神や死者と交信しようとする。そのような神秘的体験をするために、また超能力を得るために、山岳宗教の行者が五穀絶ちという極端な食生活をすることもある。エッセイストのたかのてるこさんは旅先のモロッコでラマダーンに出くわし、断食に挑戦したときの経験を語っている。「水も飲めないのはとても辛かったが、日没後の食卓では皆がとびっきりの笑顔を見せ、断食をした者同士の気持ちが一つになっていた。貧しくて十分に食べられない人のこともよく理解できた」というのである。いずれにしても、断食はある意味で食の世界のなかに宗教性、精神性を追求する行為であると言ってよい。

とにかく、中世ヨーロッパにおける食の思想のもっとも大きな命題は、食料の不足にどのように対処するかということであった。ヨーロッパは中・高緯度地帯にあって、その冷涼な気候と痩せた土壌は穀物生産に適しているとは言い難い。米作、あるいは麦作ができる中・西アジアとは違って数分の一の収穫しか得られないのである。牧畜をするにしても農業がこのような状態では、大きな人口を養うことはできなかった。12世紀ごろには農業革命が起こり、農産物と畜産物の生産が増えて、それまでの厳しい状況は少しばかり好転したが、民衆に十分な食べ物を保証し、飢餓の恐怖を払拭できるほどのものではなかった。余剰の食料が貯えられない状態なのであるから、気象の変動が直ちに飢饉を起こし、生活を脅かした。このような不安定な食料事情において、禁欲、節食、断食の思想は生まれるべくして生まれたと理解してよい。

中世社会においては、洋の東西のいずれにあっても、民衆は飢餓と隣接した貧しい食生活に耐えていたのである。だから、ヨーロッパのキリスト教社会には厳しい食の禁欲思想が生まれたのであるが、インドの仏教、ヒンズー教社会や中国の儒教、あるいは道教の社

第6図　カーニバルの乱痴気騒ぎ

豊川裕之編『食の思想と行動』味の素・食の文化センター　1999年より転載

会では、美食や大食が厳しく非難されることはなかった。我が国においても同様である。このことは温暖な気候に恵まれて農業を営む東南アジア社会と、寒冷な気象のもとで厳しい牧畜生活を営むヨーロッパ社会の違いであるのかもしれない。

普段は食べるものを節約しているが、特別な日には大食をすることが古くから行われていた。キリスト教社会では、四旬節の断食に入る前に行われる謝肉祭、カーニバルには、肉、ミルク、野菜、酒などを思う存分飲食するのである。ユダヤ人も断食明けの晩餐には、腹いっぱいご馳走を食べる。16世紀フランドルの画家、ブリューゲルの名画には、カーニバルのお祭りで、肉、魚、卵や酒がふんだんに振舞われ、無礼講の大食が行われている様子が描かれている。

このようにごく限られた機会にだけ、食べきれないほどの飲み食いをする大食は、日頃の食料不足からの精神的解放を求める行為であると解釈できる。ルネサンス期の人文主義者、F・ラブレーの「ガルガンチュワ物語」に登場する主人公は、肉、ミルク、ワインなどを湯水のように飲み食いする巨漢であり、一度は大食いをしてみたいという民衆の願望の象徴である。ガルガンチュワという名前はフランス語で、「お前、そんなにたくさん食べるのか」という意味である。

日常の生活においても、中世ヨーロッパの王侯、貴族は肉を呆れるほどたくさん食べていた。15世紀、ブルゴーニュ公妃イザベル・ポルチュガルの食卓には、毎日、羊のあばら肉が4つ、肩肉が6つ、脚が6つ、子牛が半分、さらに牛のすね肉、鶏16羽、鳩5つがい、雉が1羽出されたと記録されている。13世紀以降、キリスト教会は、結婚披露宴、騎士叙任の祝賀会、カーニバル、クリスマスなどに必要以上の贅沢な食事をすることを取り締まる教会令を次々と出したが、効果はなかった。このような食の享楽の追及は食料の分配の不公平を生みだし、飢えるものと浪費するものとの対立を招くことは事実である。食料の生産力が少ない時代には、食の快楽を追求できたのは富と権力を持つ階級だけであったのである。社会のほとんどの人々が食うや食わずの状態である時代には、好きなものを好きなだけ食べて肥っていることが富裕であることの証でもあった。

ところが、19世紀になると、ヨーロッパでは農業や牧畜の生産量が着実に増え始め、食料の需要供給に少しずつ余裕が生じてきた。このような近代社会においては、キリスト教の厳しい禁欲主義が後退して、代わって登場してくるのが食の享楽性を求める美食の願望である。それまでは食べ物の量の多い、少ないが問題であったが、この時期からは食べるものの多様さやおいしさが問題になるのである。

10　禅寺で行われている食事の修行

既に述べたように、中世ヨーロッパにおける食事を支配したのはキリスト教の禁欲主義であったが、同じころ、我が国で広く信仰されていた仏教にはどのような食事の思想があったのであろうか。

古くインドで興った仏教では、どの宗派においても仏に仕える僧侶は信者が布施、寄進したもので暮らしていた。僧侶は托鉢をして布施されたもので食べるものを賄い、自ら耕して食料を得ることを厳しく禁じられていた。信者は寺院（仏）、仏の教え（法）、僧侶（僧）に食物や金品を布施、寄進して、先祖の菩提を弔い、自らの後生安楽を願うのである。今でも仏教国、タイを旅行すれば、朝、道端に住民が思い思いの食べ物を用意して、托鉢に回ってくる僧侶の列を待ち受けている光景を見ることができる。我が国でも、禅寺の修行僧が墨染めの衣に編み笠をかぶり、鉄鉢を抱えて経文を唱えながら町筋を托鉢行脚するのを目にすることができる。僧侶たちは布施された食べ物を寺に持ち帰り、仏の恵みとして有難く食するのである。特に、禅宗の修行道場では、布施された食べ物を仏心に適うように食べる食事修行が厳しく行われ、そのための儀礼、作法が事細かに定められている。

この法食一体の食事思想を「赴粥飯法《ふしゅくはんぽう》」に著して広めたのが鎌倉時代の禅僧、道元禅師（1200～1253）である。曹洞宗の開祖になった禅僧道元は、仏の教えに適うように食事をつくり、仏法を守って食べることは、座禅をするのと同じ禅の修行であると教えたのである。それは、「法は是れ食、食は是れ法」であるべきという法食一体の食事理念であった。因みに、私たちが、食前、食後に「いただきます」「ごちそうさま」と唱えて、食べ物となってくれる生き物の命に感謝していただき、食事作りをしてくれた人々に感謝するのは道元が教えた食事作法である。道元は食事をすることの意義を考えて、禅の思想にまで高めた我が国、最初の食の思想家であると言ってよい。

道元は正治2(1200)年、大納言久我道具の子として京都に生まれ、出家して中国、南宋に渡った。浙江省寧波にある天童山景徳寺で四年間禅の修行をした後、宝慶3(1227)年に帰国し、興聖寺、永平寺を開いて曹洞禅の教えを広めた。中国、唐の時代に達磨大師が興した仏教流派、禅宗においては、天台宗や華厳宗などと違って、経典を絶対的な拠りどころとして修行するのではなく、只管打座の座禅をして自己の行いや考えを問い直して仏陀の悟りを追体験しようとする。従って、修行僧の行住坐臥、日常の行為も、その対処の仕方によっては立派な禅の修行に転化し得るのであり、食事を作り、それを食べることも仏心に適うように行うならば仏道の修行になると考えられている。

道元は留学中に阿育王寺で修行僧の食事を準備する典座の役を務めている老僧に出会い、禅寺における食事作りは大切な修行であることを諭され、帰朝してからその教えを「典座教訓《てんぞきょうくん》」と「赴粥飯法《ふしゅくはんぽう》」にまとめた。「典座教訓」には修行僧の食事を準備する典座の心得が教示されているので、その要点を中村璋八ら、全訳注「典座教訓、赴粥飯法」から抜粋して紹介してみる。

「禅院での食事を作るには必ず仏道を求める心を働かせて、季節に従って春夏秋冬の折々の材料を用い、食事に変化を与え、修行僧たちが気持ちよく食べられ、身も心も安楽になるように心掛けなければならない」

「米を研いだり、おかずを整えたりすることは典座が、自分で手を下し、細かな点まで気を配り、心を込めて行はなければならない。食事には苦い、酸い、甘い、辛い、塩からい、淡いの六味がほどよく調っていて、あっさりとして柔らかである、清潔で穢れがない、作法正しく丁寧に調えられているという三徳が備わっていなければ、修行僧に供養したことにならない。典座の仕事を通じて大海のように広大で深い功徳を積み、山のように高い善根を積み重ねるためにも、些細なことを疎かにしてはならない。そうすれば、おのずと三徳は十分に行き届き、六味はすべて整い備わってくるであろう」

「いただいた材料は、量の多い少ない、質の良し悪しをあげつらってはならない。ただひたすら誠意を尽くして調理をするだけである。粗末な品物を扱うことがあろうとも決して怠り怠けるような心を起すことなく、また、上等な材料を用いて料理を作ることがあったとしても、一層おいしく料理を作るよう努めるのが修行に励むということである。食事の材料が自分の心に入り込んで離れないようにする気持ちで、心と食べ物が一体になるよう精進修行するのである」

「赴粥飯法」には禅寺における朝、昼の食事作法が細かに説明されている。

「維摩経《ゆいまきょう》に説かれているように、もし食物において等ならば、あらゆる事柄においても等であり、あらゆる事柄において等ならば、食物においても等である。われわれの生き方を法性、真如、一心、菩提に求めるならば、食もまたそうでなければならない。食は法と一体であるとみなすことにより仏道修行の対象になるのである」

「食事の合図があると会衆は袈裟を身につけて僧堂に一斉に入堂して定められた場所に結跏趺坐す

る。住持が入堂、着座すると、会衆は持参した食器包みを開き、鉢、匙、箸を並べる。各自の鉢に粥、飯、汁などが給仕されるので、つつしみ敬う気持を込めて必要なだけ受け、食べ残ししないようにする」

「首座は食前の祈りとして施食の偈を唱える。朝食は粥であるから「粥には血色をよくする、力を得る、寿命を延ばす、苦痛がない、言葉がはっきりする、胸のつかえが治り、風邪が治り、空腹が癒え、喉の渇きが消え、大小便の通じがよくなる、の十徳があり、その果報は極まりない」と唱える。昼のご飯のときには「三徳と六味の備わったこの食事を仏と僧とこの世に生きとし生けるものに施し、すべてに同じく供養し奉る」と唱える」

「施食の偈を唱え終わると、合掌して五観を念じて食事を始める：

一つ、目前におかれた食事が出来上がってくるまでにはどれだけ多くの手数がかかっているか、これらの食物がどのようなところから来たのかを考えてみる

第7図　僧堂における食事（展鉢《てんぱつ》）

中村璋八・石川力山・中村信幸訳注『典座教訓・赴粥飯法』講談社学術文庫　講談社　1991年より転載。

二つ、自分がこの食事の供養を受けるに足るだけの正しい行いをしているか反省する

三つ、食事を摂るについて貪りの心、怒りの心、道理をわきまえぬ心を起してはならない

四つ、食事を頂くことは、とりもなおさず良薬をいただくことであり、それはこの身が痩せ衰えるのを防ぐためである

五つ、食事を頂くのには仏道を成就するという大きな目標があるのである」

道元が教えたことをまとめてみると、次のようになる。四季折々のものを毎日工夫して料理に変化を持たせ、修行僧が気持ちよく食べられるように配慮する。野菜にしても魚介にしてももっとも味がよくなり、栄養が充実する旬がある。それを考慮して調理にも工夫を加え、料理に変化を持たせることは、決して美味、美食に堕落することではない。料理するということは、原材料である食材をより食べやすく加工することであり、程よく調理された料理は、生理的には勿論のこと、精神的に深い充足感を与える。此のことを心得ておれば、食べ物はその持ち味を十分に発揮して、喫食者の食欲を増し、結果的には食べ物を粗末にしないで大事にすることになる。そのようにして作られた食事を、修行僧は調理をしてくれた典座の深い心をくみ取り、感謝して食べるのである。かくして、調理から喫食に至るまでのすべての行為が、人格形成、仏道修行の道になるのである。

因みに、道元が持ち帰った中国禅院の僧坊料理は精進料理であった。殺生を禁じる戒律に従い肉、魚、鳥を使わないが、豆腐、湯葉、麩などを油で揚げて魚鳥肉の味に似せる。また、野菜、根菜など

を昆布、椎茸の出汁でおいしく煮る、擂りごま、味噌、酢味噌で和えるなどの調理技術が優れていた。生もの、焼き物、干物、塩ものを切りそろえ、手元の塩、酢、醬で食べていたそれまでの日本の料理は、中国の精進料理から優れた調理技術を取り入れることにより一変し、本膳料理、懐石料理、会席料理という優美な日本料理に発展したのである。道元が教えた禅寺の食事思想は後世の日本の食事文化に物心両面において大きな影響を残したのである。

道元は、禅院での食事は肉体を養うための単なる飲食とは異なることを明らかにして、食事を整え、食べるという行為を仏道の実践という宗教的次元に高める論理づけをしたと言ってよい。もちろん、道元が説いた禅の食事思想は、一般人の食生活のすべてに敷衍できるとは思われないが、食べるということが肉体（身）を養うだけではなく、精神（心）を育てるという考えは、今日の私たちの食生活において最も欠如しているものと言わねばならない。

11　米作民族ならではの食の論理が生れた

中国の禅寺の食事思想を移入して日本人の食事観に大きな影響を与えたのが鎌倉時代の道元禅師であるとすれば、米作民族ならではの食の思想を独自の論理で展開したのが江戸時代の思想家、安藤昌益であった。道元禅師と安藤昌益は日本が生んだ食の思想家の双璧であると言ってよい。

すでに詳しく述べたように、日本の農業は弥生時代から２０００年、水田稲作を中心に営まれてきた。稲は当時から収量がとびぬけてよい作物であり、しかも同じ水田で肥料も与えずに連作することができたのである。従って、日本列島という狭い土地で多くの人が暮らしてゆくには稲を栽培して、米を主食にするのが一番良い方法であった。日本人は米飯を主食にするだけではなく、味噌、醤油、酒、菓子などを作る原料にも米を使用した。こうして、日本の食文化は米を中心にして営まれ、多量に収穫できた米は支配者が管理してクニの財源にする社会構造が生まれた。当然ながら、米作り農業は国の最重要産業として推進されるべきものとなり、為政者たちは「農は国の本なり」という農本主義の理念を掲げて、農民を米作りに励むよう督励した。

ところが、このような為政者本位の農本主義に反発して、人は米穀を食して人となると考える独自の論理を展開して、すべての人は農耕に従事して自給自足するべきだと説いたのが江戸時代、八戸藩の町医者であった安藤昌益（１７０３〜１７６２）である。彼は身分、階級にとらわれず、すべての人々が額に汗を流して田畑を耕す平等社会を理想としたのである。

「食は人物ともにその親にして、諸道の太本なり。故に転定人物みな食より出でて食を成す。故に食なきときは人物すなはち死す。食をなすときは人物つねなり。故に人物の食はすなはち人物なり。故に人物は人物にあらず、食は人物なり。分けて人は米穀を食して人となれば、人すなはち米穀なり。人ただ食のために人となるまでなり。……上下・貴賤・聖釈・衆人といへども、食して居るのみの用にして、死すればもとの食となり、また生じて食するまでのことなり。然るに聖人、釈迦、品種の書説をなして、食道の所以を説くことなし。これ己等、直耕の食道を盗み不耕貪食して、故にこれを恥じ、食道を説かざる重失なり」（安藤昌益著「統道真伝」より抜粋）

このように安藤昌益は、食は人の親であり、人は食から生ずると言っている。人は食えば生きるし、食わねば死ぬ。人が米穀を食すると、その米穀の精「穀精」がまた人と生まれ変わる。「米穀進んで人生じ、米穀退きて人死す。故に人の生死は米穀の進退なり」と考えると、身分の高い人も、そうでない人も何ら変わるところなく、平等であることになる。この論理に基づいて当時の士農工商の身分制度を批判して、上下関係のない理想社会として、すべての人が自分の食物を自ら生産する農業社会を構想したのである。

この「米穀は人の親であり、人は米穀を食して人と成る」という論理は、米作民族ならではの食の思想であり、ヨーロッパの牧畜民族の、「家畜は人が食するために神が創り給うた」という思想に匹敵する根源的な食の価値観であると評価してよい。さらに、昌益が高く評価されているところは、「米穀進んで人生じ、米穀退きて人死す」と考えれば、人はすべて平等であるから誰もが自ら耕して食料を生産する農業社会が理想であると主張したことである。

「中平土の人倫は十穀盛りに耕し出し、山里の人倫は薪材を取りて之を平土に出し、海浜の人倫は諸魚を取りて之を平土に出し、薪材十穀諸魚之を易へて山里にも薪材十穀諸魚之を食し之を家作し、海浜の人倫も家作り穀食し魚菜し、平土の人も相同うして平土に過余も無く、海浜に過不足無く、彼に富もなく此に貧も無く、此に上も無く彼に下も無く…上無ければ下を攻め取る奢欲も無く、下無ければ上に諂ひ巧むことも無し、故に恨み争ふこと無し、故に乱軍の出ることも無き也。上なければ法を立て下を刑罰することも無く、下無ければ上の法を犯して上の刑を受くるといふ患いも無く、……五常五倫四民等の利己の教無ければ、聖賢愚不肖の隔も無く、下民の慮外を刑めて其の頭を叩く士無く、孝不孝の教無ければ父母に諂ひ親を悪み親を殺す者も無くまた子を悪む父母も無し。慈不慈の法教無ければ、子の慈愛に溺るる父も無くまた子を悪む父母も無し。……是れ乃ち自然五行の自為にして天下一にして全く仁別無く、各々耕して親を養ひ子を育て壮んに能く耕して親を養ひ子を育て一人之を為れば万万人之を為して、貪り取る者無ければ貪り取らるる者も無く、天地も人倫も別つこと無く、天地生ずれば人倫耕し、此外一天の私事為し。是れ自然の世の有様なり」（安藤昌益著「自然真営道」より抜粋。人倫とは人類という意味である）

しかし、人は米穀を食して人と成るという昌益の食思想は第二次大戦後の高度経済成長の中で説得力を失ってしまった。狭い国土で多くの人口を養っていくには、工業立国、貿易立国の道を歩まなければならなくなったからである。それまでは人口の90％が農村に暮らして農業に従事していたが、戦後は75％の人口が都会に移動して、工業生産や商業活動に従事して世界第２位のＧＤＰを誇る経済大国を実現したのである。その一方で、国内農業は衰退し、農業生産額はＧＤＰの僅か２％弱を占めるに過ぎなくなった。国民の食生活も肉料理や油料理を多く食べる欧米食に変り、米飯を食べる和食が少なくなったから、米の消費量は戦前の3分の1に減り、米が余るようになった。米の作付面積を制限する減反政策が実施され、それと共に農業は国の本であると考える農本主義の思想も失われたのである。このような次第で、食の思想家としての安藤昌益はすっかり忘れられてしまったが、世界に先駆けて農民社会主義や共産主義にも通じる社会思想を提唱した彼の業績は近年、再評価されるところとなっている。

12　茶の湯の思想とはどのようなものか

ここまでに紹介してきた食の思想は、どれも食料が人々の需要を満たすほどに生産できなかった時代に生まれたものである。あるいは、食料が権力者や富裕者に独占されて、民衆は飢えに苦しんでいた時代の産物である。乏しい食料を分け合って食べるために、民衆は様々な食の規範を設けて食べることを禁欲、節制していたのであった。

しかし、近世になると洋の東西ともに、先進国においては食料の生産量が増え、その交易、流通が発展したので、人々は食べることに少し余裕を持てるようになった。すべての人々が十分に食べられるほどの余裕ではなかったが、大多数の市民は食料に不自由をしなくなったのである。そこで、生理的に満足できるだけ食べることができるようになった人々は、次第においしいものを食べる享楽を求めるようになった。その代表的な形態が18世紀から19世紀に誕生した美食の文化であるが、それより早く16世紀の日本に誕生した茶の湯の文化は、食べものの美味を追求する美食料理とは対照的に、一碗の抹茶を一緒に飲むことに心の喜びを究めるという精神性に富んだ食文化であった。

我が国に中国から喫茶の習慣が伝えられたのは鎌倉時代である。後に臨済宗の開祖になった禅僧、栄西（１１４１〜１２１５）が宋から茶樹の種を持ち帰って栽培し、「喫茶養生記」を著して抹茶の製法や喫茶の効用を紹介したのである。当初は寺院で仏前に茶を献じる儀式、茶礼から始まった喫茶の習慣は、南北朝時代になると武家社会、町人社会に広がり、寄り集まって茶を飲み、茶の産地などを飲み当てる闘茶や連歌をして酒盛りを楽しむ茶会（茶寄合ともいう）が流行した。やがて、このような茶会は、「侘び」「さび」を重んじる「茶の湯」に変わっていく。喫茶の作法が村田珠光、武野紹鴎、千利休などによって極められて、狭い茶室に坐って一つの茶碗で茶を飲み、和敬清寂、一期一会の境地を楽しむ「侘び茶の湯」が誕生したのである。俗世の身分を忘れて、主と客が一緒に茶を飲むという行為を通じて心の通い合いを求めたのである。

侘び茶の茶会では、茶の湯に先立ち亭主が簡素な料理で客人をもてなすことがある。これが茶懐石料理の起こりである。そもそも、懐石とは禅の修行僧が温石を懐に入れて空腹を紛らしたことから出た語であり、温石代わりの軽い食事を意味する。懐石料理の基本的な献立は飯、汁、向付、煮物、焼き物の一汁三菜であり、本膳料理のように品数が多くなく、簡素な食事である。天文13（1544）年、利休が催した茶会で出された懐石料理は一汁三菜であった。膳の向こう側に麩の煮物とうどの和え物を置き、手前には飯、豆腐とつくしを入れた汁を並べた。このほかに、客から客へと手渡しで回して一人ずつ取り分ける引物料理として酢くらげを出し、菓子は蛸の煮しめ、栗と榧の実の三種であった。永禄2（1559）年の茶会では、鰹と鯛の和え物を大皿に盛り、調味料として手塩を添えてあった。それから、引物として加雑鱠、白鳥と筍の煮物、それに飯と野菜の汁が出される一汁三菜の献立であった。

懐石料理でもっとも大切にすることは、茶の湯の精神に則り、料理は簡素であっても、できる限りのもてなしの気配りをすることである。贅沢な食材ではなくとも季節感のある旬の材料を使い、料理と器が調和するように美しく盛り付け、暖かい料理は冷えないうちにタイミングよく給仕することが大切にされる。しかも、亭主が手ずから給仕してもてなすのである。招待客を気持ちよく迎えるために、主人が茶会に先立って茶室の庭を掃き清めておくことも馳走になる。当時、流行していた本膳料理では全ての料理をいくつもの膳に同時に並べて見せるが、懐石料理では一つあるいは二つの膳に料理を一皿ずつ給仕して接待するのである。懐石料理という新しい料理形式が考案されたことによって、日本人の料理に対する考えが一変し、この後、江戸時代には会席料理という優美な料理が誕生することになった。会席料理は懐石料理より料理の品数が多いけれど、客が一皿を食べ終わる頃に次の料理を給仕する懐石料理の心配りを変えることなく受け継いでいる。因みに、ヨーロッパの宴会で、今日のように一皿ずつ給仕するロシア式サービスが始まったのは懐石料理の登場よりずっと遅れた19世紀のことであった。

ところで、よく知られているマズローの欲求段階説に従えば、人間の欲求はピラミッドの階段を一段ずつ上るように順次に成長すると考えられている。食に対する欲求についても、本能的な食欲に始まり、その食欲が満たされたならば次第により高次の精神的欲求に代わると解釈してよい。まず、最下層の原始的欲求として生命を維持するための本能的な食欲が満たされると、次は友情や家族などの社会的関係を求める共食の欲求が現れ、それが満たされると、豪華な宴会を催して権勢や富などを誇示するなど、社会的承認を求める欲求が現れると考えるのである。先に述べた豪華な大饗料理や本膳料理などはこの社会的承認の段階で登場してきたものとすれば、茶の湯や茶懐石料理はより高次の

第8図　マズローの欲求5階段説

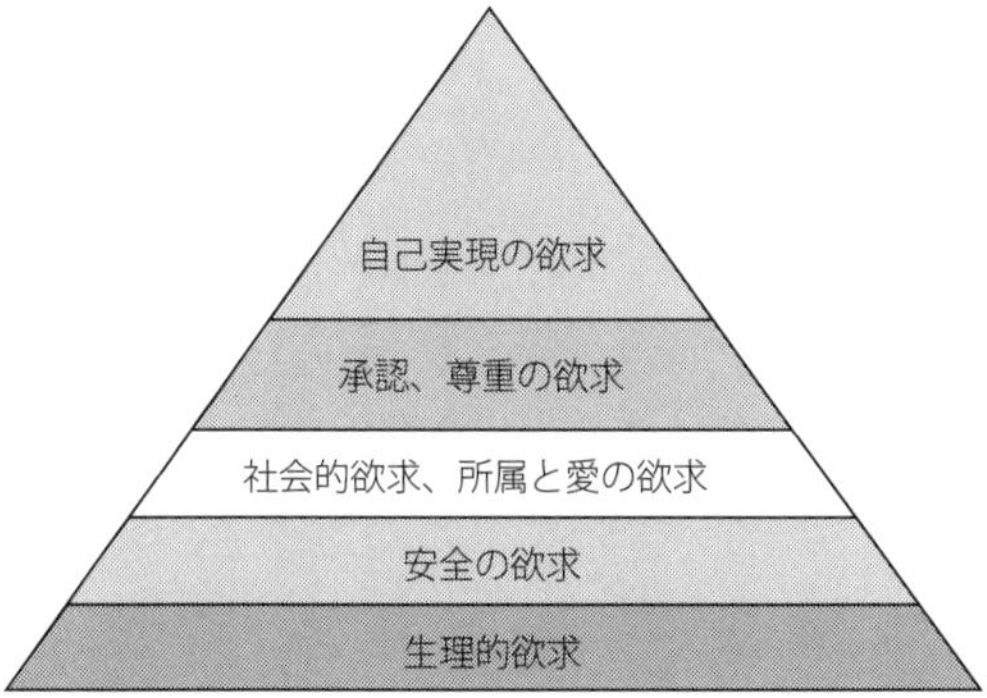

欲求の階層をピラミッドで表現し原始的欲求に近づくほど底辺になる

自己実現の欲求段階の産物であると考えてよい。社会的承認の欲求と自己実現の欲求の相違点は、前者が他人の視線を気にしているのに対し、後者は自分自身の心に照らしていることである。茶の湯は、それまでよりも一段、ステップアップした食の欲求の発現形であると言ってよい。

茶の湯の真髄は、一碗の茶を点てて飲むという行為を介して、主と客が一期一会、和敬清寂の心を楽しむことにある。そのために、茶室のしつらえ、茶碗、茶釜などを侘びの美意識を凝らして整え、茶碗に湯を注ぎ、茶筅で茶を点てる作法を心静かに執り行うのである。茶の湯はティーセレモニーと英訳されているように、心静かに茶を点てることにより、和敬清寂、一期一会の境地を体験する儀式なのである。禅寺において修行僧が重々しく経文や食事の偈を唱えて一椀の粥を食すると同じことであり、茶や粥という極めて簡素な飲食を豊かな心を養う媒体とするのである。茶の湯の文化を食の思想の範疇に属させるとするならば、それは美食の享楽思想に対峙する食の捨象の思想と言えるのである。

13 会席料理で大切にされるもてなしの心

慶長8（1603）年、徳川家康が江戸幕府を開いてから、慶応3（1867）年、幕府が滅亡するまでの264年間は戦乱の途絶えた平和な時代であった。戦乱がなく平和で安定した時代が長く続いたので、農業、漁業共に生産力が向上した。大規模の新田開発が行われ、米の収穫は約2400万石、360万トンに達したと推定できる。漁業も定置網漁法、地引網漁法などが発達して魚の漁獲高が増えた。陸海の交通網が全国規模で整備されたので、各地の産物が江戸や大坂、京都などの都市に集まり、商工業が著しく発達して富裕な町人階層が生まれ、地方の農村にも富裕な名主、庄屋階層が現れた。

民衆もその全てではないにしろ、古代、中世に比べれば比較にならぬほど豊かに暮らせるようになったから、一日に三度の食事ができるようになり、ようやく食べることを楽しむ余裕ができた。民衆が食べることに享楽的な要素を求める風潮が生じてきたことは、我が国の食文化史上で画期的なことなのである。

江戸後期、文化文政の頃（1804〜1830）になると、富裕な商人や文人、役人が遊興する高級な料亭が現れた。料亭の始まりは京都の清水寺や祇園社（八坂神社）の門前に現れた料理茶屋であるが、江戸では深川洲崎に開業した升屋が最初である。続いて、八百善や平清など高級な料理茶屋が次々に開業し、そこでは贅沢な会席料理を食べて酒を飲み、踊りや唄、会話を楽しむことができた。会席料理は客を招待して酒を飲んで会食するための料理であり、今日の和食会席がそれである。上質な食材を味よく調理して、美しい食器に盛り付けた料理を、見事な庭園が眺められる座敷で、芸妓なども交えて酒を飲みながら楽しむのである。

名料亭として評判が高かった浅草山谷の八百善の会席料理の献立の一例を紹介しておこう。本膳には、前菜として平皿に甘鯛と鴨肉、松茸、慈姑《くわい》、芹を取り合わせて出し、向付の器には鮃《ひらめ》と烏賊《いか》の刺身に独活《うど》、岩茸、青海苔、生姜を添えてある。吸い物は鱚の摘み入れ汁、香の物は押し瓜、茄子奈良漬としん大根であった。二の膳の猪口の椀にはつくしと嫁菜の浸し物があり、箸休めを入れる壺には赤貝の柔らか煮、焼き栗と銀杏《ぎんなん》が入っていた。清汁の具はあいなめと葉防風であり、三の膳の鉢肴料理は小鯛のけんちんと煮唐辛子であった。会席料理は酒宴をするための献立になっているので、飯と香の物は最後に出される。

「江戸料理流行大全」という料理本に「会席は料理にあらず、依って包丁の花美を好まず、食するものの味を本意とする」とあるように、会席料理は料理の形式より味を重んじ、美味を楽しむ美食料理である。懐石料理や会席料理など日本料理では、それぞれの季節に旬を迎える魚介や野菜を選び、味噌、醤油、味醂、昆布出汁、鰹節出汁などを使って、素材の持ち味を引き出すように調理し、濃い調味料や強い香辛料を使って素材の味を損なうことを避ける。食材にワインやスパイス、バター、チーズなどの濃いソースを加えて、濃厚な味を作り出す欧米の料理とは対照的である。このように、伝統的な日本料理には四季の移り変わりを愛する日本人の繊細な感性と美意識が籠められているが故に、世界に類のない優美な食文化であるとして世界無形文化遺産に認定されたのである。

また、会席料理は見せる芸術でもある。包丁の技を振るって刺身を美しくつくり、里芋や人参の形を整えて煮物にする。そして美しい絵皿に食べやすいように形よく盛り付けるのである。西洋料理では皿を俎板代わりにしてナイフとフォークで切り分けて食べるから、盛り付けはしなくてもよい。また、日本料理を食べる楽しみの一つはどんな椀や小鉢で給仕されるかである。日本料理では、料理を一人分ずつ銘々の膳に配るから、どのような椀や小皿、小鉢などを使うかに趣向を凝らす必要がある。汁物や吸い物には熱が伝わりにくい漆器の椀を使うが、料理を盛る鉢、小皿、小鉢には薄くて口当たりのよい色絵の磁器を使う。色絵磁器の食器を使うのは有田や瀬戸、京都で磁器の生産が本格化した江戸後期からのことであった。料亭では蒔絵を施した黒塗り、朱塗りの椀に、白地に色絵を施した丸皿や角皿、小鉢を組み合わせ、料理に鮮やかな彩りを加えることを競う。どんなに立派なレストランでも、同じような白い大皿とカップで給仕される西洋料理とは趣向が違うのである。中国では、数人分の料理を盛る大皿とそれを各自が取り分けて手元に置く小皿を数枚使うだけであり、料理に合わせて食器を使い分ける習慣がない。日本料理ほど料理に合わせて大小の食器を数多く使い分ける料理は他の国にはないのである。

料理を楽しむ座敷の「しつらえ」も楽しい。床の間には自然の風景を描いた軸を掛け、季節の花を活け、香をくゆらしたりする。座敷から美しい庭園を眺めるのも楽しみの一つである。しつらえとは食事の場を楽しくする演出なのである。会席料理で大切にされるのは飾るという美意識であり、趣向を凝らす気配りである。料理人が客をもてなすメッセージを料理に込めるとすれば、しつらえや趣向は主人が客に対して伝えるもてなしのメッセージなのである。

このような料理の楽しみ方は、奇しくも同じころヨーロッパの中心であったフランスの市民社会で発達した美食術にも共通している。前章で少し触れたことではあるが、日本の会席料理とフランスのレストラン料理は、食べるものに余裕が生じ、富裕な市民階層が食べることを楽しめるようになったことを背景として、生まれることのできたレベルの高い料理文化なのである。

ところで、江戸時代には料理本が多数刊行された。江戸後期、天明２（１７８２）年に出版された「豆腐百珍」は豆腐料理のレシピを百種類集め、豆腐に関する豆知識を添えた読み物でもある。「豆腐百珍」がよく読まれたので、同

第９図　料亭八百善の座敷で遊興する人たち

江戸高名会亭尽より。
橋本直樹著『食卓の日本史』勉誠出版　2015 年より転載

じ趣向の「玉子百珍」、「甘藷百珍」、「海鰻《はも》百珍」、「蒟蒻《こんにゃく》百珍」や飯百珍に相当する「名飯部類」など、また「鯛百珍料理秘密箱」、「万宝料理秘密箱」など料理秘密箱シリーズも出版された。「大根料理秘伝抄」には、輪切りにした大根が五輪マークのように繋がる「輪違い大根」を切りだす手品のような技法が紹介されているなど、料理をすることに遊びの要素が加わっている。印刷が今ほど簡便にできなかったこの時代に、１７０冊を超える料理書が出たということは、民衆が料理をすることを楽しみ、また、食して楽しんでいたことを窺わせるのである。江戸の下町には、飯屋、うどん屋、そば屋のほかに鮨、鰻の蒲焼、てんぷらなどを売る屋台が多数現れ、一般民衆も外食を気軽に楽しむことができるようになった。日本の美食文化が一部の富裕階級から町の庶民にまで拡大された時代であるといってよい。

しかし、このような日本の食文化は明治維新の開国によって、また、近くは第二次大戦での敗戦によって、急速に流入してきた欧米の食文化に圧迫されて大きく変化せざるを得なくなった。殊に、第二次大戦後の70年、私たちが欧米風の食文化を取り入れることに夢中になり、民族伝統の食文化の素晴らしさを見過ごしている間に、日本料理は人気を失い、伝統的な会席料理は今や高級な料亭や料理旅館でしか味わえない特殊なものになっている。

14　フランスで発達した美食の思想

近代になるとヨーロッパの食料事情は、新大陸の植民地からジャガイモ、トウモロコシ、トマトなどの新しい食材、コーヒー、紅茶などの嗜好品が流入してきたことで大きく変わることになった。15世紀半ばまでの農民は、毎日同じように、ライ麦パンと豆の煮込み、キャベツや蕪のスープ、たまに塩漬け肉を食べて暮らしていた。17世紀になると森林を伐採して耕地を増やし、新しい農業技術を導入して小麦の収穫を3倍に増やしたが、それでも増加する人口の需要には追いつかなかった。19世紀になっても、ドイツ人の肉の消費量は一日、わずかに56gであり、労働者の家庭では収入の約半分がパン代に消えていた。人口の5分の1が栄養不足であり、平均寿命は40歳に満たなかったのである。このような食料不足の時代には食の快楽を追求する美食は生まれる余裕がなかった。

しかし、産業革命、市民革命が起きて市民階級が豊かになると、人々の食に対する意識や考え方が変り始めた。それまでヨーロッパ人の食生活を支配していたキリスト教の禁欲主義が後退し、おいしい料理を楽しむ美食文化と栄養を重視する食事思想が現れた。動物的な食欲が充足されると、人々はおいしいものを食べる享楽を求めるようになったのである。

食欲の充足には常に生理的快感が伴う。だから、富裕な人々は昔から大食や美食を楽しむことに熱心であった。ことに、温暖で食料が豊富な地中海沿岸のラテン文化圏には食べることに熱心な金持ちが多かった。古代ギリシャのシュンポシオンの宴会や中世イタリアのメディチ家の豪華な晩餐会などがそれである。中国の皇帝や日本の大名も何十種類もの料理を並べる豪華な宴会を楽しんでいた。18世紀の清王朝の爛熟期には、皇帝や皇后の食事には毎回、１００皿の料理、30皿の点心が用意され、富裕な商人は三日にわたり２００皿の料理を楽しむ満漢席という大宴会をするなど、常軌を逸したことが行われていた。洋の東西を問わず、王侯貴族は宴会好きであったから、彼らの館の厨房では料理長の指揮の下で大勢の料理人が働いていた。フランス国王の厨房には73人の宮廷料理人がいたという記録がある。有名な料理人タイユバンこと、ギヨーム・ティレルはシャルル6世の料理長であった。

しかし、市民階級の人々にはそのような美食料理を楽しむ機会はなかった。ところが、18世紀の末、フランス革命が起きて王家が滅亡すると、職を失った宮廷料理人たちはパリの街においしい料理を提供するレストランを競って開いた。レストランはそれまでになかった商売であり、お客の求めに応じて高級料理を提供するのである。レストランができたことにより、どんな人でも15フランか20フランを用意すれば、王侯貴族と同じ料理を食べることができるようになった。かくして、レストランはフランスに始まってヨーロッパ中に広まり、そのお蔭で贅沢な美食料理が民衆のものになったのである。

このような経過を経て誕生したフランスのレストラン文化は、優れた美食術として世界無形文化遺産に登録されているように、他の文化圏には見られないほど精神的な要素に富んだ料理文化であった。

美食の思想を論じたことで有名なブリア・サヴァラン（1755〜1826）はこの時代を生きた食の思想家である。ブリア・サヴァランを有名にした著書「美味礼賛」は1826年に出版された。この著書は「美味礼賛」と邦訳されているが、原題は「味覚の生理学」、副題が「美味学の瞑想」である。料理法の本でもなければ、生理学、栄養学の本でもなければ、食通のマニアックなグルメ談義でもなく、美食こそ精神生活の根源であると説く哲学書というべきものである。ブリア・サヴァランは美味とは何かを考え、美食をする精神的な意味や役割を追求したのである。食の快楽の本質を論じた思想本はこれが初めてである。

ブリア・サヴァランはフランス中部の小都市、ペレに生まれ、パリで弁護士、裁判官として活躍したが、教養のある食通としても知られていた。「美味礼賛」を執筆していた彼の晩年、パリの私邸で開いていた小人数の晩餐会は決して贅を尽くしたものではなかったが、食材と料理に彼の心配りが尽くされていたと伝えられている。

「美味礼賛」には、オムレツやフォンデュ、ブイヨン、ポタージュの作り方、雉や七面鳥の料理、魚醤、トリュフ、コーヒー、チョコレートなどについての彼の豊かな蘊蓄が機知に富んだ筆致で紹介されているが、贅を尽くした美食料理そのものを礼賛するものでは決してない。彼が主張しているのは「禽獣は喰らい、人間は食べる。教養ある人にして初めて食べ方を知る」という美食学（ガストロノミー）である。つまり、食べる快楽についてあれこれと思索し、おいしいものを食べることを、単なる味覚の本能的充足だけに終わらせることなく、精神的な喜びにまで高めることであった。当然ながら、ガストロノミーとは無神経に食べ、暴飲、大食をするグルマンディーズとは区別されるものであり、美食を精神的に究める食事文化なのである。サヴァランは美食が人間の精神活動に影響を及ぼすことを指摘し、食べることの快楽と食卓の快楽を区別している。食べることの快楽は食欲を満足させる生理的な快楽であるが、食卓の快楽は、食事を共にすることに必要な文化的要件を総合したものであり、創造的な快楽であると言っている。

関根秀雄・戸部松美訳「美味礼賛」岩波文庫版から、美食は個人の生き方、ライフスタイルに関わるものであるという彼の主張を抜粋してみる。

「(私の目指す)美食学とは、味覚の働きを規律し、嗜みのある人が踏み越えてはならないその限界を規定する。同時に、食品が人間の精神の上に、その創造や英知や判断や勇気や知覚の上に、及ぼす影響を考えるのである」

「美食家の夫婦は……まったく寝床を別にしていても、食事だけは一つテーブルの上でする。彼らはそこで食べているものの話をするだけではなく、かつて食べたもの、いつか食べたいと思っているもの、よその家で見てきたもの、最近はやりの食べもの、新案の料理等々について話し合い、そのうちに、……自然にお互いのことを考え合い、いたわり合うようになる。だから毎日の食事がどんなふうであるかということは、人生の幸福に大きな関係を持つ」

「食べる喜びは我々も動物も同じである。それには飢餓とそれを満たすに必要なものとがありさえすれば足りる。しかし、食卓の喜びは人類だけに限られたものである。それは食事の用意、場所の選択、会食者の選定など、いろいろな心づかいがなされて生まれる……会食に招く人々はお互いによく知り合っていて、常に会話に参加できるように12人を超えないこと、男子は機知豊かで、しかも出過ぎず、女子はコケットに過ぎざる程度に愛嬌のある人を選ぶ、料理は滋味豊かなものを選ぶが、皿数は多過ぎぬように、料理の順序は実質的なものから軽いものへ、酒は吟味して、コーヒーは熱く、茶は濃すぎぬように、……そして、十分な時間をかけねばならない……だれかを食事に招くということは、その人が自分の家にいる間、その幸福を引き受けるということである」

このように、ブリア・サヴァランは会食することの楽しさを礼賛してはいるが、宴会などで大勢揃って食べるのはガストロノミーではないと述べている。彼の考えによれば、食べることはその人の哲学であり、自分のライフスタイルにどのように食を組み込むかということが大切なのであり、個人の生き方にかかわってくるのである。ブリア・サヴァランは、人間は本来、味覚を愛する美食愛、グルマンディーズをもっているが、その美食愛を精神的に深めることが美食術、ガストロノミーであると言っている。その意味で、ガストロノミーは食の哲学であり、美食の人間学であると言えるのである。

ブリア・サヴァランとその教養ある仲間たちが美食を楽しんでいた時代から200年経った現在、

ごく一般の市民も豊食、飽食の毎日を過ごすようになった。日本では家庭料理が驚くほどに多様になり、豊かになった。外食店も手軽に利用できるようになり、ことに東京では世界中の美食料理を楽しむことができる。日常的に食べているものが、かつて結婚式やお祭りの日などに食べていたご馳走のようになっているのであるが、それを楽しむ人の心は逆に後退したように思う。1億総グルメと言われているのであるが、その多くは生理的な美味を追求するグルメであり、ブリア・サヴァランなどが理想とした「精神的快楽のグルメ」ではないように思うのである。

15　古くから医食同源の思想があった

食料の生産に余裕が生じ、人々の暮らしが豊かになった近代においては、食べる快楽を楽しむ美食思想と、食べものの栄養を重視する食事思想が、食に関する二大思潮になっている。

食物の栄養を研究する栄養学は19世紀に発展した近代科学であるが、食べるものが健康と深い関係があることは古くより経験的に知られていたことであった。病気を予防し、健康に過ごすには、正しい食事をしなければならないという思想は、古くから多くの文化圏にあったのである。食べることは医療に通じるという考えは医食同源という四字成語で分かりやすく表現されるが、この熟語は40年ほど前に日本で考案されたものである。食物は薬にもなるという意味ならば、中国では薬食同源というのが正しいそうである。それはともかくとして、ここで近代栄養学よりはるかに古い歴史のある医食同源の思想に触れておかねばならない。

食べ物と健康、疾病とは密接な関係があるという考えは、ヨーロッパ、インドそして中国で古くから論理的に整理されていた。古代ギリシャの医師で「西洋医術の父」と尊敬されているヒポクラテスは、病気にかかっている人を食養生によって治療することを考えた。英語でも、フランス語、イタリア語でも、料理法をレシピと言うのは、元をたどれば薬の処方箋という意味である。ギリシャ医学は、自然の摂理は火、水、気、土の四元素と冷、熱、乾、湿の四性質の組み合わせであるという四元素、四性質説を基礎にしている。自然と調和して健康を保つために、穀物、豆、野菜、肉、魚、果物とチーズ、水、ワインなどを、熱冷乾湿のバランスよく摂取することが必要だという考えである。中世ヨーロッパでは、病気は四つの体液、即ち血液、胆汁、黒胆汁、そして粘液のバランスが悪いと生じるから、適切な食事法でそのバランスを直してやればよいと考えられていた。食べ物には熱い、冷たい、乾いている、湿っているという四つの性質があるので、血が多くて熱がある場合にはサラダや瓜など冷たい食べ物で冷やすことを処方するのである。14世紀に西ヨーロッパでペストが大流行したとき、ペスト患者は「熱いスパイス」を禁じられ、「血を動かして過敏にする強いワイン」を飲むことを控えた。

「アーユルヴェーダー」にまとめられているインド医学は、空気、胆汁、粘液を三要素とする均衡説（トリドーシャ説）で構成されている。この三要素の働きが平衡状態にあるとき人間は健康であり、不均衡になると病気が生じると考えるのである。そして、このアンバランスが身体に蓄積した不健康状態から回復するには、食事療法をするのがもっとも有効であり、薬草はその補助手段であると考えられていた。すべての食物は穀物、豆類、肉類などに分類され、さらに流動物と固形に分けられ、さらには甘、酸、苦、辛、塩、渋の六味に細分されていて、病気に応じて効果のあるものを選択して食べるのである。

中国の伝統的医学は陰陽五行説によって体系化されている。陰陽五行説では食物を五穀、五果、五畜、五菜に分類し、いかなる季節に、いかなる食物を食べるべきか、あるいは、この病気にはこの食物を与えるなど細かく定めている。中国文化の影響を強く受けた朝鮮にも、五穀と五種の野菜は人を養う薬であり、日々少なめに食すべしという食時五戒がある。中国で発達した本草学では、自然界にあるすべてのものについて人体に対する薬理作用が研究されていた。近年、日本で流行している薬膳料理は、これらの中国の伝統医学、生薬医学に基づいた食養生料理である。薬膳料理の基本は体を温める食物と冷やす食物の使い分けである。例えば、風邪をひいて寒気や悪寒を伴うときは、血液循環や栄養成分の吸収を促す温熱性食物である甘酒粥や生姜と干しエビの粥がよく、高熱があるならば、鎮静、消炎作用のある寒冷性食物である大根と干し貝柱の粥、あるいは春菊と菊の花の粥が効くという。

これらギリシャ医学、インド医学、中国医学などの伝統的医学は、後進国に流布する過程で土俗化、簡素化されて、その地域の土俗医術になった。どの地域においても、病気は過剰な熱さや冷たさから生じると考え、その冷熱のバランスを崩さないように食事をし、病気になったときには崩れた食物のバランスを正常に戻す食事をさせるのである。

例えば、メキシコの土俗医療では、風邪、頭痛、歯の痛みなどは冷たい風や冷たい水が体に入ることで引き起こされる「冷たい病気」であり、赤痢、麻疹、腫物などは太陽に長く照らされたり、熱い食べ物を摂りすぎた時に発病する「熱い病気」であると考えられている。食べ物は熱い食物と冷たい食物に分けられ、トウガラシ、穀類、牛肉などは熱い食物、野菜、トウモロコシ、魚などは冷たい食物とされている。食べ物を熱い、冷たいに分類する根拠は、メキシコ、ペルー、アフガニスタン、マレーシアなど地域によって一定ではないが、食べると体が熱くなるトウガラシなどは熱い食物であり、冷たく感じる野菜などは冷たい食物とするのは共通している。いずれにしても熱い病気にかかったとき、それを直すものは冷たい食べ物であり、その反対であれば熱い食べ物を食べるのである。

日本では、独自の本草学が発達していたにも関わらず、食物の薬効に頼って病気を予防し健康を増進しようとする医食同源の思想は大きく発展しなかった。江戸時代によく読まれた「養生訓」の著者である貝原益軒（1630~1714）は本草学者であったが、薬効のある食物を積極的に摂ることは勧めていない。「淡泊なものを食べ、こってりしたり、油気のあるものをたくさん食べてはいけない」、「珍しいものやおいしいものに出会っても八、九分で止めるのがよい」とひたすらに飲食に対する欲望を控えて、節制することを勧めているのである。当時の日本では、病人や虚弱体質の人には滋養のある食物を摂ることを勧めたが、食物と薬は別扱いにされていたのである。

貝原益軒は飲食、性欲、睡眠などの欲望を抑えて禁欲することによって、元気をそこなわず、病なくして天年（寿命）を長く保つべしと教えた。このように欲望を禁欲し、節制すれば健康に過ごせるというのが近世日本人の考え方であり、「養生訓」はこの思想を代弁するものとしてベストセラーになるほどよく読まれた。松田道雄訳「養生訓」中公文庫版より、益軒の食事思想をいくつか引用してみると、

「およそ養生の道は、内欲を我慢するのを根本とする。……飲食を適量にして飲み過ぎ食い過ぎをしないことだ。脾胃をきずつけ、病気をおこすものは食べない」

「元気は生命のもとである。飲食は生命の養分である。だから飲食の養分は人生の毎日でいちばん必要なもので、半日もなくてはならない。しかし飲食は同時に人間の大欲で、口や腹の好むところである。好みに任せてかって気ままにすると、度をこえて、かならず脾胃をそこね、いろいろの病気をおこし命をなくす」

「五味偏勝とは一つの味を食べすぎることをいう。甘いものが多すぎると腹がはっていたむ。辛いものがすぎると気がのぼり、湿疹ができて眼が悪くなる。塩からいものが多いと……五味をそなえて

いるものを少しずつ食べれば病気にならない。いろいろな肉も、いろいろな野菜も、同じものを続けて食べるととどこおって害がある」

「すえた御飯、腐った魚、ふやけた肉、色の悪いもの、臭いのわるいもの、煮えばなを失ったものは食べない。朝夕の食事のほかに、時間外に食べてはいけない。また時期が早くて熟していないものなど、時ならぬものは食べてはいけない」

「ものを食べるとき「五思」というものがある。第一はこの食は誰が下さったかを思わなければならない。第二には、この食事はもと農夫が骨を折って作り出した苦しみを思いやらねばならない。第三には、自分に才徳や正しい行ないがないのに、こんなおいしいものをいただけるのはたいへん幸いである。第四には、世の中には自分より貧乏な人がたくさんいる。そういう人は糠や糟でもよろこんで食べている。自分はおいしい御飯をじゅうぶん食べて、飢える心配がない。これは大きい幸福ではないか。第五に、大昔のことを思うがよい。大昔には五穀がなく、草木の実と根、葉を食べて飢えをまぬがれていた。……今日、白いやわらかい御飯を炊いてじゅうぶん食べ、またそのほかに吸い物があり、副食があり、朝夕じゅうぶん食べている。だから朝夕食事をするたびに、この五思のうち、一、二でもよいから、かわるがわる思いめぐらして忘れてはならない。そうすれば日々に楽しみもその中にあるだろう」

貝原益軒が提唱したこの「五思」が、禅寺で食事の前に念じられる「五観」に酷似しているのは偶然ではない。鎌倉時代の禅僧、道元禅師が説いた「感謝して食べる」という食事思想が、数百年の間に民間の食生活に取り込まれていたからである。食欲の命ずるままに、欲しいだけ食べてはならないという益軒の食事思想は今日でも十分に通用することである。

16　近代栄養学に基づいた食事思想

やがて、これらの医食同源の思想は、19世紀、近代栄養学の発達によりその様相を一変することになる。食物を通じて摂取した炭水化物、タンパク質、脂質の三大栄養素、ビタミン、ミネラルの微量栄養素が体内で消化、吸収されて生命活動に利用され、体の組織を生育させる栄養の仕組みが科学的に解明されたからである。近代栄養学の幕開けともなった事件は、それまで多くの人々を苦しめてきた脚気と壊血病が、どちらも食事の摂り方で予防、治療できたことである。

富国強兵に邁進する明治政府は明治6（1873）年、徴兵制によって近代的な陸海軍を編成した。兵営で兵士に支給したのは1日に白米6合を摂る食事であり、当時、白米を食べられず、麦飯を食べて暮らしていた農村の青年は「軍隊に入れば白い飯が腹いっぱい食べられる」と喜んだという。ところが、兵士たちに脚気が蔓延したのである。脚気は米を主食とする民族に特有の疾患であり、初期の症状は身体の倦怠感、食欲不振などに過ぎないが、やがて多発性神経障害が起きて、ついには呼吸不全、心不全によって死亡する恐ろしい病気である。

脚気の原因が白米食にあるらしいと判断した海軍医務局長、高木兼寛は水兵の食事をパン、あるいは大麦を混ぜた飯に替えることにより脚気を一掃することに成功した。しかし、陸軍では医務部長であった森林太郎（後の文豪、森鴎外）らが麦飯の採用を躊躇したため、日露戦争での戦病死者4万7000人の中、脚気による病死者が2万7800人にもなるという悲惨な結果を招いた。脚気がビタミンB1の欠乏症であると証明されたのは、1910年、東京大学教授、鈴木梅太郎博士が米糠から脚気予防に効果がある成分、オリザニン（後のビタミンB1）を単離したことによる。米の胚芽に多く含まれていたビタミンB1は、玄米を精白して白米にする過程で大部分が失われていたのであった。食物の微量成分、ビタミンが不足すると疾病が起きることを科学的に証明し、食事の栄養改善に成功した最初の事例であった。

これより400年も昔の大航海時代から、大洋を航海する船員たちを苦しめてきたのは壊血病である。まず倦怠感が生じ、ついで体中の組織から出血が始まる。歯茎が腫れて出血し、痛くてものが噛めなくなり、脚の関節も腫れて炎症を起こすのである。1497年、バスコ・ダ・ガマが初めてインドへの往復航海をしたときには、180人の船員のうち100人が壊血病で命を落としたと伝えられている。それから250年間、壊血病の原因は全く判らなかったが、ようやく1753年、イギリス海軍省のジェームス・リンドが新鮮な野菜や果物の欠乏が原因ではないかと推察し、レモンやミカンを与えると症状が改善され、予防もできることを見出した。壊血病はビタミンCの欠乏症であることが科学的に解明されたのは1932年のことである。ビタミンCが欠乏すると皮膚や粘膜のコラーゲン組織が弱くなり、血管から出血が起きるのであった。

脚気や壊血病が微量栄養素ビタミンの欠乏に原因する病気であることが科学的に証明されたことにより、食べ物は命を養うものであるだけではなく、疾病を予防し健康を維持する効果もあると考えられるようになった。食べるものによって健康を保とうとする古来の医食同源の思想はここに科学的根拠を得たことになったのである。その後、食べ物の栄養機能が近代栄養科学の発展によって次々と解明されると、日常の食事においても栄養価のある食物を選んで食べようという科学的な食事思想が誕生することになったのである。

近代栄養学によって明らかにされた栄養の化学的メカニズムを要約して紹介してみる。私たちは、食べ物を体内に取り込むことにより生命活動に必要なエネルギーや身体の生育に必要な栄養素を補給する。食べ物には、三大栄養素、つまり糖質（主に澱粉）、タンパク質、脂質（主に脂肪）と、微量のビタミンとミネラルが豊富に含まれている。糖質（主に澱粉）は消化器内でぶどう糖に分解されて吸収され、二酸化炭素と水に分解されてエネルギーを生み出す。この生体エネルギーを使って体内で無数の化学反応が進行し、筋肉の収縮、脳や内臓の活動、体温の維持などが行われる。タンパク質はアミノ酸に分解されて吸収され、筋肉や内臓、皮膚、髪や爪などをつくる原料になる。脂肪は脂肪酸とグリセロールに分解されて吸収され、細胞膜の生成に使われ、余ったものは皮下脂肪や内臓脂肪として蓄えられる。

人体を構成している無数の細胞の内部では、呼吸によって体内に取り込まれた酸素が、糖質を燃焼させてエネルギーを発生させる。心臓から送り出される血液は、食物から吸収した糖やアミノ酸、脂肪など栄養成分を体の隅々に運搬する。カルシウムやリンは骨や歯を形成するのに欠かせない。微量のビタミンやミネラル類はこれらの化学反応を円滑に進行させる潤滑油の役目をするのである。

このように、食物が体内で糖質、タンパク質、脂質などの栄養素に分解されて吸収されて、生命活動に必用なエネルギーとなり、あるいは体の筋肉や組織を形成する「栄養」の仕組みが、近代科学の力によって明らかにされて近代栄養学に発展したのは、19世紀の後半から20世紀初めのことであった。ギリシャ、ローマの時代には、自然の精気、プネウマが食物に取り込まれて体内に入り、生命の原動力になるのだと観念的に考えられていた。例えば、ヒポクラテスと並ぶローマ医学の権威者であったガレノスは、呼吸で取り込まれた自然の精気、プネウマが、血液により全身に運ばれて生命が保たれ、体が成長すると考えていた。しかし、ルネサンス時代になると、顕微鏡によって細胞が観察され、人体の組織や器官の解剖観察が行われ、それまでの観念的な人体の構造や生理に関する知識が根本的に改まった。食物を構成する成分は化学物質であり、人体における食物の消化、吸収現象はその化学物質の変化に他ならないと考えるようになったのである。

１８２７年、イギリスのW・プラウトは、食物から人体の栄養となる成分として糖、卵白様物質、油状物質の三成分を分離した。これら成分が、今日では炭水化物（糖質）、タンパク質、脂質と名称を改めている三大栄養素である。人が生物として生きるのに欠かせない栄養素はこのほかにビタミンやミネラルなどが必要であるが、それらはすべて食物を食べることによって外部から補給しなければならない。われわれの体内で行われる様々な生命反応に必要な化学エネルギーは、糖質の分解と燃焼によって供給される。フランスのA・ラボアジェは１７７８年、呼吸により体内に取りこまれた酸素が糖質や脂肪を緩やかに燃焼させて熱エネルギーを産生し、二酸化炭素を放出することを明らかにした。タンパク質は多くのアミノ酸が結合したものであることを指摘したのはE・フィッシャである。タンパク質は体内でアミノ酸に分解されて筋肉、臓器や血液を作るのに使われるのである。

その後、１００年ほどの間に、ほとんどの必須栄養素が単離、同定され、その栄養生理作用が解明されて、人体の生命現象を化学反応として説明する近代栄養学が成立した。そして、その科学的知識が国民の栄養状態の改善に利用されることになったのである。近代国家においては、政府が国民の健康増進に対する責任を負うことになったから、近代医学と栄養学が国民の健康管理に都合よく利用されたのである。かくして古来、個人の経験と判断に任されていた食事の摂り方が、国家によって指導されることになったのである。

日本に西欧の栄養学思想が導入されたのは明治維新のときである。近代国家の建設を目指す明治政府にとって、国民の体位向上、疾病予防、健康増進は焦眉の急であった。そこで、国民の栄養摂取状況を改善するため、近代栄養学の知識を活用して栄養バランスの悪い和食を改善することが国家指導で始まった。日本における全国規模の食料需給調査は、明治12（1879）年、内務省が各県ごとに米、麦、雑穀、芋、蔬菜などの消費状況を調査した「人民常食調査」が最初である。さらに、明治16年には日本最初の食品成分分析表が発表されている。そこには約90種類の食品について、タンパク質、脂肪、炭水化物、灰分、水分の含量が記載されている。さらに、内務省衛生試験所長心得の田原良純は、国民が必要な栄養を摂取するための基準として「標準食料（基準）」を定めた。今日、国民に栄養指導をする根拠としている食料需給表、日本食品成分表、日本人の食事摂取基準の始まりである。

大正10（1921）年に国立栄養研究所が設立されると、初代所長となった佐伯矩は、一般人のための栄養教育、栄養知識の普及活動に力を注いだ。因みに、それまでの「営養」という用語を「栄養」に改めたのも佐伯である。栄養に関する科学知識は、女学校での家事教科書や調理実習、新聞雑誌の料理記事、公的機関による栄養講習会などを通じて世間に広がり、食物のカロリーや栄養素のバランスを考慮して食事作りをすることが徐々に始まった。しかし、一般庶民はまだ貧しくて誰もが栄養十分な食事を摂れたわけではなく、ことに第二次大戦後はひどい食料難に陥ったから、国民の栄養改善は遅れた。

日本人の栄養状態が著しく改善されたのは第二次大戦後のことである。戦前の米食中心、つまり澱粉質を多く食べる食生活から脱却して、肉類や乳製品など動物性食品を多く摂る欧米型の食生活に替える栄養改善運動が実施されたからである。その結果、動物性食品の摂取が増えて、昭和60年ごろにはタンパク質、脂肪、糖質の摂取比率が理想的なバランスに収まるようになった。そして、成人の身長は戦前に比べて10㎝伸び、平均寿命が30歳も延びて世界一の長寿国になったのである。今日ではどの家庭でも食事の献立は、糖質、タンパク質、脂肪など栄養素のバランスやカロリーを考えて作るのが普通になっている。食べるものが健康の保持と病気の予防に大切であることは昔から誰もが経験的に知っていたが、そのことを栄養学の科学知識で理解して毎日の食事作りに生かすことがようやく実現したのである。

このように栄養学の科学知識を活用して栄養バランスの良い食事作りを実現し、国民の栄養状態を改善したことは素晴らしいことであった。しかし、そのために、食べることについてカロリーや栄養素が過大評価されることにもなった。豊かな食事ができるようになった今日、よほど偏った食生活をしているのでなければ、カロリー不足や栄養素不足になることはない。私たちは、栄養素を直接に食べるのではなく、食べるのは食材であり、料理である。人々がどのような食事をするかを決めるについては、栄養学の知識もさることながら、個人的な嗜好や文化的あるいは社会的習慣などがより強く作用するのが普通である。人々の食べる行為を規定しているのは唯物的な栄養科学ではなく、歴史的に形成された食習慣であり、個人的な食の嗜好である。それに加えて、近年は食料自給率や、農薬、食品添加物の安全性なども考慮しなければならない。栄養素、カロリーが足りておればそれでよいと考える唯物的栄養学が、近年、食べることは空腹を満たし、栄養素を摂るだけのことに過ぎないと考える風潮を生み、その結果として思いもよらぬ食生活の混乱を招くことになったことは次章で詳しく紹介することにする。

第４部　現在の食生活をどのように考えるか

――豊かな食生活を持続させるために

1　豊かで便利になりすぎて何が起きたか

人類は農耕、牧畜を始めた1万2000年の昔から絶えず食料不足に悩まされ、飢餓に苦しんできたので、常に食料を増産することに大きな努力をしてきた。殊に20世紀に入ると科学技術を活用して食料の大増産に素晴らしい成果を収めた。収量の多い小麦、トウモロコシや米の新品種を育成し、化学合成肥料と化学合成農薬を活用し、農業の大規模化と機械化を進めて、穀物の大増産に成功したのである。小麦とトウモロコシの生産量は20世紀初めに比べて3倍、米の生産量は2倍に増えた。更に大量に生産できるようになったトウモロコシを飼料にして、食肉の生産量を3倍に増やした。かくして、世界中で生産される食料は40億トンに達し、食料不足に悩んでいた多くの人々を飢えから解放したのである。第二次大戦後の経済成長によって人々の所得が増えたことと相まって、大多数の人が食べることに不自由をしなくなったのは、欧米の先進諸国においても、我が国においても20世紀半ばのことなのである

しかし、それから半世紀経たぬうちに予想もしなかったことが生じてきた。開発途上国の人口が爆発的に増加してきたのである。20世紀初めの世界人口は16億人であったが、世紀末には60億人になり、現在は70億人になり、2050年には90億人を超すだろうと予測されている。現在、地球上で生

産できる穀物22億トンでは、80億人を養うのが限度であるとされている。しかも、この食料増産の恩恵を満喫できているのは豊かな先進国13億人の人々だけであり、経済的に貧しい途上国の人々は置き去りにされ、今でもアフリカ南部の国々では10億人近い人々が飢えに苦しんでいる。食料の無理な大増産によって農業環境がすっかり悪化してしまったので、これ以上の穀物増産は期待できなくなり、近い将来に予想される膨大な地球人口を養うことが難しくなってきたのである。

もう一つの問題は食肉消費量の増加である。現在、アメリカ人は一人当たり年間98kgの肉を食べている。これは彼らが必要とするタンパク質摂取量の約4倍に相当する量であり、肥満者が増加する大きな原因になっている。肉はおいしい食べ物であるから、どの国でも経済的余裕ができると食肉の消費量が増える。ところが、牛肉1kgを生産するには11kgの飼料穀物が必要であり、同様に豚肉なら7kg、鶏肉でも4kgの穀物が必要である。だから、アメリカで消費される穀物の90％は、肉や乳製品に形を変えて消費されている。世界規模でみても、生産される穀物22億トンのうち、3分の1以上が家畜の飼料に使われている。近年では経済発展の著しい中国で食肉の消費量が急速に増え、そのため、多量の飼料トウモロコシを輸入するようになった。もしも世界の食肉消費量がアメリカ並みに年間一人当たり98kgになったとしたら、現在の穀物収穫量で生産できる食肉は26億人分しかない。

因みに、日本人の食肉消費量は第二次大戦を境にして13倍にも増加し、年間一人当たり30kgである。ほとんどの開発途上国の食肉消費量はまだ一人当たり10kg程度であるが、２０３０年頃には34kg

には達するであろう。すると、世界の食肉消費量は現在の2億3000万トンから3億8000万トンに増えると考えられ、世界の人口が2070年に95億人でピークに達するころには、世界の食肉需要は4億7000万トンになると予想されるが、それだけの食肉を供給できる見込みはないのである。

魚介類など水産資源も枯渇が心配されている。世界の漁獲量は1950年ごろまでは年間2000万トンに達していなかったが、その後、急増して9000万トンにまで増加した。しかし、近年、魚介類資源の自然増加を上回る乱獲が続いたので、資源が枯渇し始めて漁獲高は90年以降、9300万トン前後で頭打ちになった。魚は脂肪が少なく、ヘルシーなタンパク資源として今後、世界の需要が増えると見込まれているが、それに応えることはできなくなるのである。

20世紀の食の繁栄をもたらした穀物の大量生産システムは、農業環境に予想もしなかった打撃を与えた。堆肥など有機質肥料に代えて大量の化学肥料を使い続けた耕地は、土壌の団粒構造が破壊されて保水能力を失い、多量に施肥された窒素肥料は硝酸化されて耕地から流出し、地下水を汚染し、河川を富栄養化させて魚介類を住めなくしている。自然の生態系や農業に不可欠な土壌は、地球の全表面に広げると、わずか18㎝の厚さにしかならない貴重なものなのであるが、それが荒廃し始めてきたのである。人口の増加と都市化が進んで淡水資源が不足し始め、世界の各地で農業用水が確保しにくくなっていることも深刻な問題である。

多量に散布された農薬は環境中に拡散して、食物連鎖により濃縮されて昆虫、鳥や魚類などの生態系を破壊している。大規模化された農業、畜産業、食品加工業から河川に排出される多量の有機質汚濁は河川の水を酸欠状態にして、生物の住めない環境にした。機械化され、施設化された農業は多量の石油燃料を消費するから、大量の二酸化炭素が放出されて地球温暖化を加速させている。地球の急速な温暖化現象は、これまで比較的に安定した気温と降雨に恵まれていた農業生産に、予想していた以上の大きなダメージを与えることが判明してきた。地球温暖化の加速によって農業生産量が大きく減少すれば、遠からず世界的な食料危機が訪れてくるに違いない。科学技術を活用して食料を効率よく大量に生産し、世界中に流通させることに成功していた資本主義農業システムが、自然から厳しいしっぺ返しを受けているのである。

そもそも、人間が命をつなぐ食料の生産をグローバルな経済行為として大規模に行ってはいけなかったのである。確かに現代の食料生産は需要と供給の経済原理に支配されてはいるが、そこで取引されているのは生物資源であり、工業製品と同一に扱えるものではない。農作物や家畜、魚介類は生命のあるものであって自然の産物なのであるから、私たちが勝手にいくらでも生産できるものではない。そこを無理して大量生産しようとしたから、自然の厳しいしっぺ返しを受けたのである。

また、食事作りを食品工場で代行して、家庭の主婦をキッチンから解放したのはよかったが、そのかわり、私たちは料理をする楽しみを忘れて食卓の団欒を失い、何のために家庭で食べなければならないのか、その理由がよくわからなくなった。先進国で肥満が増えたのも、体が要求するだけ食べればよいことを忘れて、たくさんあるから、安いから、おいしいからと、必要以上に食べることに原因している。私たちは食べることをあまりにも豊かに、便利にし過ぎたために、食べることを大切に考えなくなったのである。

私たちは豊かで便利な食生活を実現するために、食料や食品を資本主義経済の消費財として大量に生産し、大量に流通させ、大量に消費することを行ってきた。それは20世紀の前半においては素晴らしい成果をもたらしたけれども、やがて行き過ぎて必要以上の食料生産と無駄な食料消費を引き起こしたのである。人間の食べるという生理的行為は大量生産と大量消費の経済システムにそぐわなかったのである。食料や食品は食べるだけ生産すればよいものであり、それを必要量以上に生産するから無駄遣いが増えるのである。かつて自給自足の時代には、食料の無駄な生産はなかったのである。かくして、食べるという人間の営みの世界が経済活動の世界に変貌し、食べるということをすべて経済的尺度で判断するようになったことが問題なのである。その結果、現代の食の世界が抱え込んでしまった問題の多くは、もはや食の分野だけでは解決できない大きな社会問題になっているのである。

つまり、自然の生産力を無視して必要以上の食料を増産し、必要以上に食生活の便利さを追求し、人体が生理的に要求する以上に飽食するようになったことが、よくなかったのである。私たちは自然との共生を大切にして食料を生産し、家族や仲間と一緒に節度を守って食べることを忘れてしまった。私たちは「豊食」を求めすぎて「飽食」に陥り、それを反省することなく「崩食」といわれる混乱状態を引き起こしてしまったのである。しかし、現状はそうであっても、今後もそれをただ傍観していてよいわけではない。改めて、「食料をどのようにして生産し、どのように食べればよいのか」ということを根本から考え直してみなければならなくなっているのである。

2　食料が国内で自給できなくなった

我が国では戦前まで人口が７０００万人足らずで今に比べれば少なかったから、国内の狭い農耕地で生産できる農産物で何とか暮らしていた。ところが、第二次大戦後に高度経済成長が始まり国民の所得が増えるにつれて、人口が５０００万人も増え、さらには肉料理、油料理の多い欧米風の食事をするようになったので、食料の需要が数倍に増えた。だから、国内で生産できる食料だけではまったく足りなくなり、多量の食料輸入が始まったのである。

近年では自給できるものは米だけとなって、総合食料自給率は急速に低下し、平成10年以降ずっと40％近辺で低迷している。日本人が年間に必要とする食料、約1億２０００万トンのうち、半分の約６０００万トンを海外から輸入しているのである。日本人が国内で自給できる食料で暮らせなくなり、大量の食料を海外から輸入しなくてはならなくなったのはかつてなかったことなのである。

日本の食料自給率が先進国で最も低いのは、人口が多く、農地が狭いからである。現在、農地面積は約470万ha、人口は1億2700万人であるから、一人当たりの農地は僅かに4a（121坪）に過ぎない。アメリカは一人当たりの農地が142aもあるから、食料を十分に自給し、余った食料を輸出している。イギリスやドイツでも一人当たり25aぐらいの農地があるから、必要な食料の70％程度は自給できている。

スーパーマーケットで輸入食料を探してみると、野菜や果物、鮮魚など生鮮食料品には売場に原産地が表示されているから、輸入品はすぐに見分けられる。野菜は輸入品が19％、果物は62％、魚介類は46％が輸入品である。パンやうどん、スパゲティー、サラダ油などの加工食品は国内メーカーが製造したものだから国産だと思っている人が多い。ところが、原料に使用する小麦の86％、大豆の95％、トウモロコシはほとんど100％が輸入品なのである。牛肉は国産牛肉が43％を占めているが、使っている飼料は90％が輸入穀物であるから国産牛肉といっても輸入肉同様である。

日本の農業は昔から米作りが中心だから農地の55％は水田であり、食用油を絞る大豆や飼料用のトウモロコシを大量に栽培する広い畑はないから、これらを輸入に頼るのは仕方がない。日本人がよく食べる魚介類は30年ぐらい前までは1200万トンを漁獲して自給していたが、今では自給率が62％である。これも近海での漁獲量が最盛期の6割程度に減少したためであるからやむを得ない結果である。

しかし、国内で十分自給できる野菜や果物まで輸入しているのは考えものである。新鮮さが大切な野菜は、国内80万haの畑で1700万トンを生産して自給できていた。ところが30年ぐらい前から食品業者が安くて大量に調達できる中国産の野菜を輸入し始めたので、国産野菜の生産は作付け55万ha、生産量1200万トンまで減少し、自給率が81％になってしまった。果物もみかん、りんご、梨、ぶどう、柿など十分な生産力があるのに、自給率はなんと41％に過ぎない。消費者が輸入のバナナやグレープフルーツ、オレンジなどを欲しがるからである。消費者の安値志向とわがままな嗜好が国内で十分に自給できる野菜や果物まで輸入させることになり、生産農家を苦しめている。

このように必要な食料の大半を輸入に依存していては、不測の事態が発生したときに国民の食料が確保出来るかどうか心配である。農林水産省の予測によれば、食料が海外から全く輸入できなくなった場合、国内農地、500万haだけでは1人1日当たり米、麦、芋を中心に1760キロカロリーの食料しか供給できないという。近い将来、世界的な食料危機が訪れたなら、日本に食料を輸出してくれる国はどこにあるであろうか。

農林水産省は2025年までに食料自給率を45％に回復させる目標を掲げ、減反による休耕地に小麦、大豆、飼料用作物を栽培することを奨励してきたが、増産しても輸入物の安い価格に対抗できないので成果は上がらず、自給率は40％に低迷したままである。それよりも、消費者が脂肪の摂取過多になっている現在の食生活を見直し、米飯をもっと食べ、肉料理や油料理をセーブして、30年前の和食中心の日本型食事をすれば食料自給率は50％に回復するのである。しかし、健康のために和食を摂ろうとする人はいるが、自給率を回復させるために和食中心の食事をしようとする人はいない。

わが国の農家は耕地が平均２ha弱と狭くて、十分に機械化できず、労賃も高いので、農産物はどれも生産コストが海外諸国に比べて著しく高い。米は11倍、小麦は10倍、牛肉や野菜でも２～３倍は高い。だから、安価な海外農産物が大量に輸入されると競争することができない。苦労して栽培した農作物を生産コストに見合った価格で販売することが難しいのだから、農家は生産意欲を失い、農業だけの収入では生活することができなくなっている。今、米作り農家の労賃は時給に直すと百円にもならないのである。それなら農業を止めるか、それでも続けるか、農家は難しい選択を迫られている。

昭和40年当時、６００万haあった農地は宅地、工場用地、道路などに転用されて、４６９万haに減少し、農業人口も５６６万戸、１１５１万人から２２０万戸、２６０万人に激減した。このうち、農産物を市場に出荷している農家は１６３万戸であるが、大部分は小規模農家であり、市場の農産物の6割は耕地が５ha以上ある大規模農家や農業法人など、わずか14万戸によって生産されているのが実情である。平成19年度の農業生産額は５０００万トン、８・２兆円であり、国内総生産に対する比率は僅かに2％弱に過ぎない。食料自給率の低い国々では、関税や政府補助金で農業を支援する試みがなされているが、日本の農家の農業収入に占める政府の補助金支援比率（ＰＳＥ）は5兆円、56％であり、ノルウェーやスイスなどに比べると少ない。

農業だけでなく漁業も厳しい状況に直面している。近海の漁業資源が減少したので漁獲高は35年前の3分の1、469万トンに減少し、50年前に80万人であった漁業人口は今や22万人になり、水産物の総生産額は1・5兆円に減少した。僅かに260万人の農民と22万人の漁民が1億2700万人の台所の半分を懸命に支えている実情をなんとかしなくてはならない。国内の農水産業を支援しなくてはならないのである。

かつて日本には、「身土不二」という言葉があった。自分が住んでいる土地で採れるものを食べていれば健康で暮らせるという意味である。しかし、今日では昔のような地域内の自給はとうてい無理であり、私たちは全国各地あるいは海外から運ばれてくる食料で暮らしている。そこで、遠隔地から運ばれてくる野菜や果物を敬遠して、地場で採れた旬のものを地元で消費しようとするのが「地産地消活動」である。学校給食に地場の野菜や果物を使うなどすれば、地域農業が活性化して野菜や果物の自給率が回復することになる。また、農産物の遠距離輸送に使われる多量の石油燃料を節約できるから、環境保護にも役立つ。

では、どの程度の地産地消が行われているのであろうか？　世界では人口の50％が都市部で暮らしているが、日本では人口の75％が都会で暮らしているから、地産地消が難しい。地域別食料自給率という統計を見てみると、東京、神奈川、大阪などの大都市圏では自給率は数％しかない。しかし、北海道、秋田、山形、青森などでは120〜180％ぐらいの自給率がある。ところが、これらの農業県では県内で生産される食料だけで暮らしているのかというと、そうではない。大都市での需要が多いキャベツ、大根、白菜、きゅうりなどを多量に栽培して県外に出荷し、自分たちが食べるものは他府県から購入しているのである。もっとも、都市部であっても地域の農産物を購入できないことはない。その時によく利用されるのは、農家の農産物直販所である。そこでは農家が自家用に栽培した野菜の余りや出荷できない規格外の野菜などを持ち込んで売っている。その日の朝に採れた野菜であるから新鮮であり、生産農家の名札、顔写真も付いているので安心できる。道の駅など地域農産物直販所は全国に1万3000か所ほどあり、その総販売金額は年間6000億円であると推定される。これは全国の農産物生産額の7%になるから決して少ない量ではない。

国内の農家を応援する今一つの方法は安全な有機農産物を普及させることである。無農薬、無化学肥料で有機栽培した農産物は検査を受けて「有機農産物」と表示した有機JASマークを付けて販売できる。しかし、完全に無農薬、無化学肥料の有機栽培農業は環境や自然の生態系に優しいが、現実には実行しにくい。化学農薬や化学肥料を全く使わないと病虫害が発生して作物の生育が悪く、収穫量が激減するので農家は有機栽培を敬遠する。我が国の夏は多雨、高温、高湿度なので病虫害が多く、冷涼なヨーロッパに比べると農薬を使わない有機栽培が困難である。堆肥を鋤き込み、雑草を抜きとり、害虫を取り除く手間が余計にかかるので、大規模には実施できない。米作りであれば、収量は20%減少し、労働時間は50%増加するから、収穫した米は75%も値上げしなくては引き合わない。

ところが、そのように高い値段では消費者が買ってくれない。有機農産物が安全で環境に優しいことはよく知っているが、いざ、買うとなると農薬が使われていても安く、虫食い痕のない野菜を選ぶ。また、有機農産物は生産量が少なく大量流通ルートに乗らないので、買いたくても近くのスーパーでは見当たらない。だから、認定を受けて有機農産物を生産している農家は全国で5000戸、有機JASマークを付けた農産物は市販されている農産物の0・18％に過ぎない。有機農業の先進国であるアメリカにおいても全体の2％である。有機農業は小規模で行い、その生産物を地元の消費者に販売するのでなければ成立しにくいから、これを全国規模に普及させることは容易ではないのである。そこでEU諸国では、有機栽培は環境保護に役立つという名目で多額の補助金を出して奨励することにより、有機栽培を実施する農家を5％に増やしている。食料自給率が低い日本では、将来の食料危機に備えて、消費者が生産コストの一部を負担し、足りないところは政府が価格補償をして有機栽培農家を増やさなければならないが、それが実行できていない。

農産物の流通がグローバル化したことにより国内農業が衰退する現象は、日本ほど激しくないが欧米諸国でも同じように起きている。そのため、食と農をもう一度地域に取り戻そうとする運動が起きている、イギリスでは「地域が支える農業（CSA）」、フランスでは「小規模農家を維持する会（AMAP）」、イタリアでは「連帯消費の会（GAS）」などがそうである。どの運動も、生産効率より環境負荷や食の安全性、地域活性化を重視して地域流通型農業を維持しようとする市民運動である。

イタリアで始まったスローフード運動は地方の伝統的な食文化や農産物を大切にし、守っていこうとする運動である。スローフードとはファーストフードに対抗するものという意味であり、工業化され過ぎた食料生産に反対するメッセージである。フェアトレード運動は、途上国で生産された食料や民芸品を割高な価格で買い上げて支援する運動であり、行き過ぎた食料生産の効率化に抗議する運動である。ファーマーズ・マーケット運動は、地域の野菜、果物を生産農家から直接に買うことにより、作る人と食べる人のつながりを取り戻そうとする運動である。

国内農業の苦境を打破して、国民が必要とする食料を少しでも多く生産するために、政府は様々な農業振興策を実施してきた。農家経営の法人化、株式会社の農業参入、若者の就農支援などであるが、どれも大きな成果が上がらず、自給率は依然として回復しないままである。国内農業を活性化するためには、私たち、消費者が国内農産物をより高い値段で購入して支援することが欠かせない。これからは、農産物を単純に価格が安い、高いだけで判断して購入するのでなく、それを生産している国内の農畜水産業を応援することを考えて選ぶことが必要になる。地産地消やスローフード運動、ファーマーズ・マーケット運動などはそうした消費者運動なのである。

3　食料の3割が無駄にされている

日本で一日に消費される食料は国民一人当たり、カロリーに直して2573キロカロリーであるが、その内、食事として食べられた、つまり私たちのお腹に取り込んだのは1851キロカロリーである。その差は1日、722キロカロリーにもなり、使用した食料の28％に相当する。つまり、国内産、輸入を合わせた1年間の食料、1億2000万トンの3割近く、3300万トンが食べられることなく、どこかに無駄に捨てられていることになる。昭和50年ごろまではこの差が11％であったのだから、それからの40年間で食料の無駄が2・5倍に増えたことになる。日本だけのことではない。世界でも同様に生産された食料の3分の1に当たる13億トンが毎年廃棄されている。そこで、2030年までに世界中で一人あたりの食料の廃棄を半減させようという運動が国連で採択されている。

家の台所を見回してみても、買ってきた食料を3割も無駄に捨てているとは思えないだろう。それでは食料はどこで捨てられているのであろうか。スーパーやコンビニで売れ残って捨てられる総菜や弁当は10％ぐらいあるという。食品メーカーでの食材の加工屑は5％ぐらいあり、家庭での調理屑、廃棄、食べ残しは合わせて20％ぐらい、外食店では食べ残しが30％はあるらしい。環境省の調査によると、食品の廃棄は食品製造業、外食店などから排出される生ごみと家庭から出る生ごみを合計した

1676万トンになる。これは年間に消費する食料の14%に相当する。これらの数値から考えてみると、魚の頭や骨、野菜、果物の皮など食べられない部分を含めて食料の廃棄割合は15%ぐらいには減らせるだろう。1年間に国内で消費される1億2000万トンの食料の15%といえば1800万トンである。現在、28%にまで増えている食料の無駄を、15%、1800万トンに減らせば、食料自給率は40%から47%に戻ると計算できる。簡単なことなのであるが、これが実行できていないのが問題なのである

食料の無駄が3割もあると聞いて驚く人は多いだろうが、驚くのはまだ早い。台所から出る生ごみの3分の1が、使い残し、食べ残しなど「食べられるのに捨てられた」食品なのである。食べ残しを含めて食べられるのに廃棄された食品は、単純に計算すれば全国の家庭から出る生ごみの35%、300万トンにもなる。また、消費者は食品を購入する際には鮮度にこだわり、製造年月日が新しいもの、消費、賞味期限にゆとりがあるものを選ぶ傾向が強い。そこで、スーパーなど小売業界では賞味期限いっぱいまで棚に置いておかないで、賞味期限の70%程度が経過すれば店頭から撤去している。このようにして廃棄される食品は年間100万トンもあるらしい。このように、まだ食べられるのに捨てられる食料（食品ロス）は合せると年間632万トンになる。これは世界全体で途上国に対して実施している食料援助の2倍量である。

終戦後の食料難に苦しんだ経験のある高齢者は食料を使い残したり、食べ残したりはしない。とこ

ろが食べ物があり余っている時代に育った若者たちは平気で食べ残し、使い残して捨てる。農水省が全国1000世帯について「食品を廃棄した理由」を複数回答で聞いてみたところ、鮮度が落ちた、カビが生えた、腐敗したというのが最も多く61%であった。ところが、消費期限や賞味期限が過ぎたからが46%、食卓に出したが食べきれなかったのが40%、いただき物を食べきれなかったが23%、準備をしたが食べなかった者がいたが12%もあった。安売りにつられて買い過ぎて、使いきれずに捨てたり、買ってあることを忘れているうちに賞味期限が過ぎて捨てているらしい。よく考えないで食べきれないほど調理し、食べ残されることも多いのである。賞味期限とはその食品の味、匂い、食感が良好な状態に保たれていて、おいしく食べられる期間のことである。賞味期限は長いものなら3カ月以上もあり、それも2～3割のゆとりを持たせて短く表示してあるから、期限が少し過ぎても十分に食べられる。すぐに捨ててしまわないで、色、匂い、味、保存状態などをチェックして判断すればよい。

ついでながら、食料に関する無駄遣いはこれだけではない。農業や漁業に使用される石油エネルギーにも無駄が多い。かつては野菜や果物は旬の季節に多く食べるものであったが、今ではハウス栽培されたトマトやきゅうりなどがいつでも手に入る。消費者が季節に関係なく一年を通して欲しがるためではあるが、そのために石油エネルギーが多量に消費されていることを知っている人は少ない。昔のように太陽と雨、風に頼る自然農業であれば、栽培に使うエネルギーは収穫される作物の食品エネルギー（カロリー）より少ないのが普通であった。ところが現代のように化学肥料や農薬を多く使い、機械化し、さらにハウス栽培をするようになると、より多くのエネルギーが使われて、収穫される農作物の食品エネルギーより多くなる。

ことに、野菜をハウス栽培すると多くのエネルギーが必要になる。きゅうりを畑で栽培すれば、1本、100gを収穫するのに100キロカロリーのエネルギーが必要である。ところが、加温ハウスで栽培をすると、ハウスの暖房に多くの燃料エネルギーを使うから500キロカロリーが必要になる。1本のきゅうりに62ミリリットルの灯油を使い、155gの二酸化炭素を排出したことになる。日本の農業は年間で石油に換算して600万トンものエネルギーを消費しているから、農産物の生産金額当たりで比較すると機械化が進んでいるアメリカに比べて5倍の石油を消費していることになる。農業エネルギー消費の世界ワースト3位である。トマト、きゅうり、ピーマンなどは約60%がハウス栽培で供給されている。真冬に温室でトマト1個を収穫するには2400キロカロリーの灯油、つまり300ミリリットルの灯油が使われる。トマトをかじるのではなくて、灯油を飲んでいるようなものである。省エネルギー、地球温暖化防止のためにも、まず真冬にイチゴやトマトを食べることを我慢しようではないか。

肉牛や高級魚の飼育にも多量のエネルギーが使われる。牛肉1kgを生産するには11kgの飼料穀物が必要で、同様に豚肉なら7kg、鶏肉なら4kg、鶏卵でも3kgの穀物が必要である。牛肉1kgの食品カロリーは2860キロカロリーであるが、それを生産するには3・7倍の1万7000キロカロリーのエネルギーが使われる。鶏肉でも4883キロカロリーのエネルギーが使われる。ぶり1kgを海で漁獲するのであれば、漁船の燃料、漁船、漁網などを製造するのに使ったエネルギーなど、合計して4720キロカロリーあればよい。しかし、養殖であると8kgの餌いわしや養殖設備の電力などが必要になるので、天然ぶりの7倍の3万5300キロカロリーのエネルギーが必要になる。

養殖魚が増えたのは漁業資源の保護のためでもあるが、なによりも消費者がおいしい高級魚を安値で求めるからである。鰻は97%が養殖、真鯛は82%、ぶりは66%、ふぐも52%が養殖になっている。冬のトマト、霜降り牛肉、鰻の蒲焼、鯛の塩焼きなど、今日では贅沢とは思わずに食べているが、そのために多量の石油エネルギーが使われるから、世界のエネルギー問題や地球環境保護に悪影響を及ぼしているのである。

食料を遠距離輸送するにも石油燃料が多量に使用される。日本では多量の食料を海外から輸入しているから、その長距離輸送に使う石油燃料が莫大な量になる。日本に輸入する食料の重量、5800万トンにその輸送距離を掛け合わせて集計した「フードマイレージ」は9000億トン・キロメートルになる。アメリカは食料が国内で自給できるから、フードマイレージは日本の3分の1である。国民一人当たりで較べてみると、日本はアメリカの8倍もの輸送エネルギーを使って食料を調達していることになる。例えば、オーストラリアからアスパラガスを5本、約100グラムを輸入すると、4

53ミリリットルの石油が消費されるから、アスパラガスが石油漬けになってくるようなものである。省エネルギー、地球温暖化防止のためにも、野菜、果物などはできるだけ国産のものを食べることにしてはどうだろうか。

4 安心して食べ物が選べなくなった

毎日、食べている食物に健康に悪影響がある化学物質が含まれているのではないか、と心配をしなくてはならない嘆かわしい時代になった。

誰でも心配しているのは残留農薬と食品添加物である。二次大戦後に広く使用されるようになった殺虫剤、殺菌剤、除草剤などの化学合成農薬は、農作物の病虫害や雑草の駆除に目覚ましい効果を発揮し、農産物の収量を飛躍的に向上させた。稲が実りを迎えるとウンカが襲来して、収穫が激減する苦しみから農家を救ったのは、パラチオン、DDT、BHCなどの化学合成殺虫剤である。また低温、多湿の年に発生して米の収穫をゼロにするような大被害をもたらしたイモチ病を劇的に防除したのは、酢酸フェニール水銀などの有機水銀系の合成殺菌剤であった。夏季の水田での除草作業には10アールあたり50時間のきつい労働を必要としていたが、2・4-D、PCPなど除草剤を使用するようになってからは僅か4時間で済むようになった。

敗戦直後のひどい食料不足を克服しようと増産に励んでいたわが国の農業にとってこれら化学合成農薬と硫安などの化学合成肥料は欠かすことの出来ない救世主となり、反当り収量が飛躍的に増大して米不足が解消された。水田稲作を例にとると、ヘクタール当たりの生産量は２・５トンからその約２倍の５・４トンに増加した。世界的にみても同様のことがあり、20世紀後半に25億人から60億人にまで急増した地球人口をなんとか養えたのは、農薬と化学肥料のおかげで食料が飛躍的に増産できたからである。

農薬を使用しなければ、世界的にみて農作物の収穫が30％は少なくなると言われている。ことに高温、多湿な気候のわが国では農薬を使用しないと病虫害が多く発生し、駆除に手間がかかり、収量が大きく減るのである。日本植物防疫協会が調査したところによると、農薬を全く使用しないとしたら、水稲の収量は３割前後減少する。りんごは殆ど収穫がなくなり、キャベツやきゅうりで６割以上、トマトやじゃがいもでも３割以上の減産になる。乱暴に計算するならば、農産物の全収穫量が半減することになるのである。

しかし、使用された農薬の一部は環境中に拡散し、自然の生態系に大きな影響を及ぼすことになった。わが国では１９６０年代に多量に撒布されたＤＤＴやＢＨＣなどの影響で、田圃や畑からトンボや蝶、どじょうなどが姿を消してしまった。もとより、病害虫を駆除するために撒布する農薬であるから、駆除しようとする害虫以外の昆虫、鳥、魚などにも強いダメージがあるのは当然である。しかも、ＤＤＴやＢＨＣなど有機塩素系農薬は、撒布された後もなかなか分解されず、大気、河川、土壌に残留し、蓄積することになり、更には生物濃縮という現象が起きることになる。

例えば、アメリカのロングアイランドで調査された例で説明すると、ＤＤＴとその部分分解物が沼の水に０・００００５ｐｐｍ濃度に残留していたとすると、そこに住む動物性プランクトンの体内では０・04ｐｐｍに濃縮され、それを食べる小えびには０・16ｐｐｍが蓄積した。それを捕食する魚、そしてアジサシ、カモメへと濃縮が進み、カモメの幼鳥体内には75ｐｐｍも蓄積することになった。ｐｐｍとは百万分の一の濃度という意味で、体重１kgあたり１mgのＤＤＴが蓄積されているということである。食物連鎖の流れをたどって濃縮がどんどん進み、沼の水に混入したのは超微量であったけれど、カモメの体内にはその百万倍もの濃度、プランクトンの汚染濃度から計算しても２０００倍の生物濃縮が起きたのである。こうして鳥類の体内に濃縮されたＤＤＴ類は卵の殻を薄くして繁殖を妨げることになった。わが国でも、佐渡島に僅かに生存していた野生のトキや兵庫県豊岡市に残っていた野生のコウノトリがあいついでこの頃に絶滅してしまったのは、農薬に汚染されたどじょうや鮒を食べたからだと言われている。

このように農薬が野生生物の生態に引き起こす異常現象を最初に摘発したのがアメリカの生物学者、レイチェル・カーソンである。彼女は１９６２年に出版した著書「沈黙の春」で、毒性と残留性が強い有機塩素系農薬、ＤＤＴやデルドリンなどが大気、河川、土壌などに蓄積して昆虫、魚、鳥などを多数死滅させ、人間にもがんを多発させる事例を数多く指摘した。農薬により環境が汚染されて野生の生き物が傷つき、虫も小鳥も死んで、やがて花も咲かず、鳥も鳴かない「沈黙の春」が来ると予言したのである。昆虫や鳥で起きた恐ろしいことはかならず人間にも起きるに違いないと思い込んだアメリカ市民の不安は大きかった。

日本では有吉佐和子が朝日新聞に連載した小説「複合汚染」で警鐘を鳴らした。彼女は工場廃液や合成洗剤で河川が汚染し、化学肥料と除草剤で土壌の性質が変わり、残留農薬や食品添加物が食物を通じて人体に蓄積され、生まれてくる子供達まで蝕まれていく恐ろしさを読み物にして訴えたのである。それだけではなく、DDT、BHC、パラチオンなどの化学合成農薬、

第10図　DDT残留濃度と生物濃縮

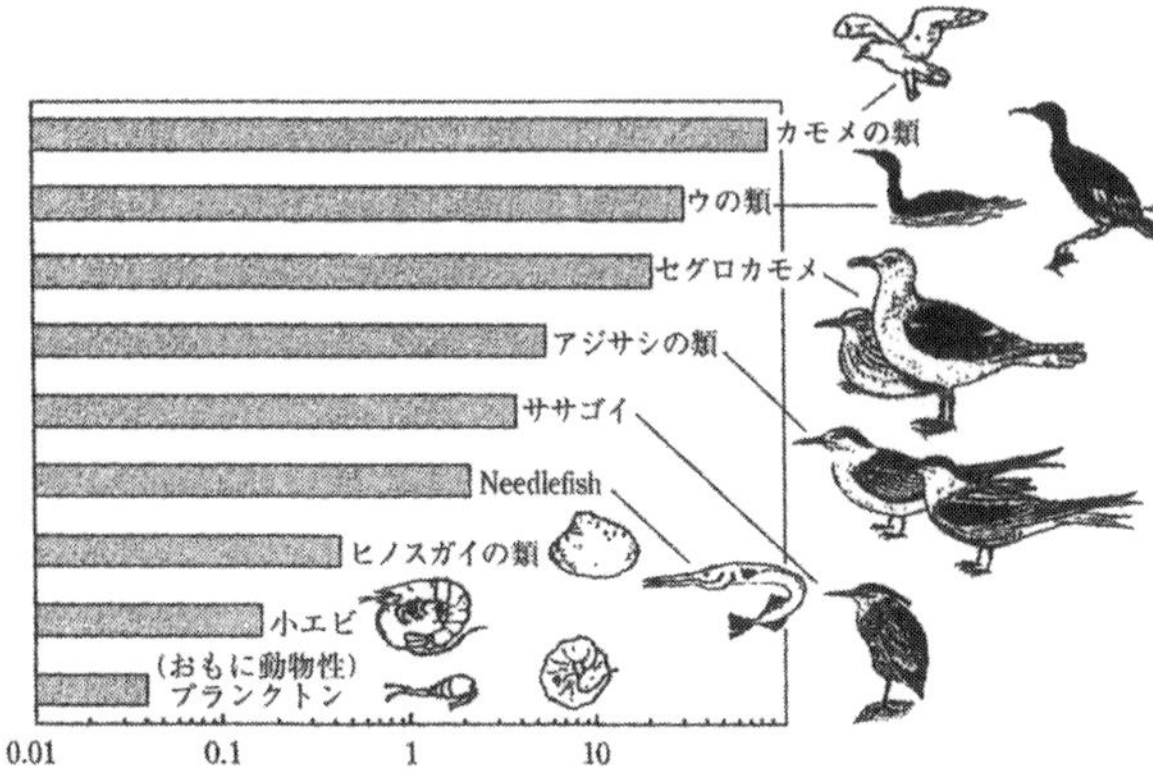

沼の水に0.00005ppmあったDDTがカモメでは75ppmと100万倍に濃縮された

栗原紀夫著『豊かさと環境』化学同人　1997年より転載

タール系合成食用色素やＡＦ２のように危ない食品添加物など、有害な化学物質はわれわれの体内に入ると、その一つ一つは微量であり、毒性も小さいものであっても、多数が寄り集まればお互いに毒性を増強しあう「複合汚染」が起きるから一層恐ろしいことを指摘した。

化学合成農薬と同じように危険視されている食品添加物とは、加工食品の加工、製造に使用する着色剤や調味料、乳化剤、保存剤などのことである。忙しからといって加工食品や調理済み食品を利用することが多くなった。それらの食品を製造、加工する際には、風味や外観を良くするために着色剤、調味剤、乳化剤、増粘剤、凝固剤、膨張剤などを使用し、数ヶ月も買い置き保存しておけるように殺菌剤、防かび剤や油やけを防ぐ酸化防止剤などを「食品添加物」として使用することが普通になっている。

食品中に残留する可能性がある化学物質は、農薬、食品添加物のほかに、畜産や養魚用に使用する飼料添加物や動物用医薬品がある。最近では家畜を狭い場所に密集させて飼育し、濃厚飼料を与えて短期間で肥育するのが普通である。また、漁業でも狭い生簀の中での密集養殖が行われる。家畜や魚の生態を無視したこのような飼育環境では、家畜や魚はストレスが増え病気にかかりやすくなる。そこで、抗生物質や抗菌剤、駆虫剤を使用し、また肥育を促進するためにホルモン剤や抗生物質を飼料に混ぜて与える。だから、これらの薬剤が出荷される食肉や卵、鮮魚に残留しないようにしなければならない。

もちろん、化学合成農薬や除草剤、飼料添加薬品、食品添加物などは使わずに済むのであれば使わないのがよい。しかし、わずか500万haの農地と260万人の農業者、20万人の漁労者で、1億2700万人の台所を賄うには使わざるを得ないのである。農薬、除草剤を使う機械化農業、多頭飼育による畜産業、養殖漁業でなければ、日本の食料生産は労力的にも、経済的にも成り立たない。大量に流通、消費されている便利な加工食品の衛生状態を守り、品質を保証するには食品添加物の使用が不可欠なのである。

そこで、農薬や食品添加物、飼料添加薬剤などは厳重な安全性試験をパスしたものを、使用時期、使用量などを制限して使用するように安全使用基準や残留基準が定められている。この法令に違反した生産者、加工業者を摘発する検査制度も設けられている。その外に、消費者に食品の生産情報を伝えるために、生鮮食材には原産地表示、加工食品には原材料表示、食品添加物表示などの食品表示をすることが義務づけられている。

近年には、農薬や食品添加物のほかにも、これまで経験したことのない食品危害が食生活を脅かすようになった。遺伝子を組換えて害虫に食われないようにしたトウモロコシとか、除草剤に強くなった大豆などが輸入されるようになり、それが納豆や豆腐、味噌、サラダ油などに加工されている。また、産業廃棄物の焼却炉から排出される塩素化合物、ダイオキシンは大気や河川を汚染して魚の体内に蓄積するから、私たちが食べると性ホルモンが撹乱されてがんを誘発する危険性があるらしい。平成13年には千葉県で狂牛病（ＢＳＥ）に感染した牛が発見され、牛肉がいっせいに敬遠される大騒ぎが起こった。アメリカでも狂牛病が発生したので、未検査のアメリカ産牛肉の輸入が数年間ストップした。東南アジアで鳥インフルエンザが発生すれば鶏肉や卵を食べることが心配になる。食料の流通が世界規模で行われるようになっているから、遠い国で発生したこれらの危険が私たちの台所に直結するようになったのである。

戦前は日常、食べるものにこのような心配をする必要はなかった。町の八百屋や魚屋で売られている生鮮食材は地元で獲れたものか、近隣の府県から運ばれてきたものであり、加工食品も小麦粉や食用油、それに味噌や醤油があるだけであった。そして、すべて家庭で調理して食べていたからである。ところが現在では、全国各地から、そして海外から運ばれてくる食材や食品、名前も知らぬ食品会社が製造した加工食品を食べている。しかも、家庭で調理をすることが少なくなり、即席食品や調理済み食品を使い、あるいは外食店を利用している。いわば、見知らぬ他人の作ったものを食べることが多くなったから、農薬が残留していないか、危険な食品添加物が使われていないか、遺伝子組換え大豆が使われていないか、などと心配をしなくてはならなくなったのである。

ところで、殺虫剤が残留基準値を超えて残留している中国産野菜を食べて、運悪く健康被害に遭う危険性はどのくらいあるのであろうか。輸入野菜は空港や港の検疫所で検査を受けているから、残留基準値を超えた農薬が検出される野菜は０・02％あるかないかである。年間１５０万トンも輸入される中国産野菜の中で、僅か300トンぐらいの汚染野菜を、1億2700万人の日本人の1人である自分が運悪く食べる羽目になる確率は極めて小さい。しかも、残留基準値とは生涯、毎日食べ続けても健康に悪影響がないと確かめられている安全な残留量のことである。だから、基準値を超えた農薬が残留している野菜であっても、それを一度や二度食べるだけなら直ちに健康に被害があるというものではない。また、運悪くBSE感染の牛肉を食べてしまい、それがもとになって運悪くクロイツフェルト・ヤコブ病を発症する人は、1億2700万人の日本人の中で一年に0・004人もないだろうと推定されている。これは1000万分の1の危険性よりさらに1万分の1小さい危険である。

しかし、危険に出会う確率（安全性）の数字がこのように小さければ、人々は安心するかといえば必ずしもそうでない。年末ジャンボ宝くじの特等賞金5億円を手にすることができる確率は1000万枚に1枚であるから、当選することなど到底期待できないのであるが、人々ははかない期待をして宝くじを買う。食品添加物や残留農薬、BSE汚染牛肉などにより1000万人に1人あるか、ないかの不幸な被害者になるかもしれないと心配するのは、特等に当選することなど期待できないと知りつつ宝くじを買うのと同じ心理である。

一部のマスメデイアの無責任な報道が、消費者の食品不安を必要以上に煽りたてたことも事実である。安全であるという科学的根拠が示されても、「科学でも分からないことがある」、「今は安全でも将来は分からない」、「食べ物の安全は万人の命にかかわる」など、消費者の感情に訴える表現が多いから、不安がいっそう高ぶるのである。安全は科学的根拠に基づいて客観的に保証されているが、それを信用して安心するかどうかの判断は消費者に任されている。危険だ、危ないとセンセーショナルに騒ぎ立てる一部の無責任なマスコミ報道に惑わされてはならない。自分で考えて判断する賢い消費者にならねばならない。

5　人任せの食事を楽しむようになった

平成23年度の家計調査で食料費の支出内訳をみてみると、米やパン、麺類などが9・3％、精肉、魚、野菜などの生鮮食材が27・6％であるのに、加工食品が61・3％にもなっている。家庭で購入する食材の実に3分の2が加工食品なのである。

加工食品といっても、小麦粉、パン、うどん、豆腐などや、缶詰、瓶詰、塩干物、漬物などの保存食品、味噌、醤油、みりんなどの調味料は戦前からあったものである。近年、急速に増えたのは冷凍食品、即席食品、調理済み食品、持ち帰り総菜など手を加えずに食べられる加工食品なのである。これらの便利な加工食品を製造する食品メーカーは、より多くの付加価値を求めて次々と新製品を開発する。そのため、鮮魚や野菜など生鮮食料品の生産額は12兆円であるが、これら加工食品の生産額はその2倍以上、30兆円になっている。そのなかでも、最近の50年間で急速に普及したのが冷凍の加工食品である。家庭では冷凍のコロッケ、ハンバーグ、餃子、うどん、ピラフ、炒飯、カツ、などが年間240万トン、一人当たり20kgも消費されている。熱湯を注げばすぐに食べられるカップヌードル、電子レンジで温めるだけでよいレトルトカレーなどの愛用者は驚くほどに多い。

即席食品の三大傑作はカップ麺、レトルトカレー、そして即席味噌汁であろう。湯を注ぐだけで食べられるインスタントラーメンはカップ麺、袋入り麺を合わせて一人当たり年間80食が消費されている。世界中では954億食も食べられている日本発の世界食品である。レトルトカレーの市場規模は今や450億円になり、一袋250円とすると1・6億食になる。全国のレトルトカレー商品を集めると400種類近くになるという。今や、家庭で作る味噌汁よりおいしくなった即席みそ汁は一人当たり年間10杯も飲まれている。家庭で作る味噌汁を1年に200億杯とすれば、即席みそ汁はその5%になる。職場でも、行楽の場でも手軽に利用できる即席みそ汁の需要はますます増えている。

朝の通学や通勤途中にカフェかコンビニに寄りテイクアウトしたサンドイッチを会社についてからかじり、カップコーヒーをすする。昼はコンビニで弁当とお茶を買い、学校や会社で食べる。夜は帰り道のスーパーでパック詰めの揚げ物、煮物とサラダを買い、家で冷凍のパックご飯を温め、即席みそ汁にお湯を注いで食べる。このように外食ではないが、調理らしい調理をせずに食事をする機会が増えている。持ち帰り弁当屋、コンビニ、スーパーなどの総菜売り場で販売されている弁当、総菜、ハンバーガー、調理パン、おにぎり、すしなど、「中食」といわれる持ち帰りの調理済み食品が、ビジネスマンや学生、高齢者などの昼食、夕食に重宝がられている。中食の総売上高は最近の30年で急増して6兆円になっている。

そして、これらの生鮮食料品、加工食品を小売りする大規模店が増えた。食品スーパーは全国に2万店、コンビニは5万店あり、生鮮食材、加工食品の半分以上がそこで販売されている。住民250世帯に1店舗あるスーパーは家庭の冷蔵庫代わりであり、1000世帯に1店舗あるコンビニは独身者や高齢者が台所代わり、食卓代わりに使っている。さらに、街角には飲料の自販機が250万台もあるから、コーヒー、紅茶は勿論のこと、お茶まで自分で淹れる必要がなくなった。今や、消費者が毎日必要とする食品は大量生産、大量販売のための絶好の商品となり、大規模に膨れ上がった食品加工業と流通小売業は、巨額の宣伝広告費を使って消費者に必要以上の消費を強いていると言ってよい。

外食店が手軽に利用できるようになったことも大きな変化である。大阪万博が開かれた昭和45年に、外資系のファーストフード・ショップやファミリーレストランが相ついで日本に進出してきた。それまで生業、家業として家族規模で営業していた飲食店業界にフランチャイズ・チェーン経営の「外食産業」が加わったのである。高度経済成長の恩恵を受けて生活に余裕ができてきたので、日曜日にはマイカーでドライブを楽しみ、ファミリーレストランで食事をする「ニューファミリー族」が現れた。これが食事のレジャー化の始まりであった。それまでは庶民が外食することはめったになかった。著者は戦前に幼年時代を過ごしたが、たまに、うどんの出前を取ってもらうか、デパートの食堂でホットケーキを食べさせてもらうのがうれしかった。戦後、集団就職で東京に出てきた地方の中学生が、食堂で食べさせてもらったカツドンのおいしさに驚いたのも無理はない。

現在では、外食をすることはレジャーではなく日常のこととなり、家族そろって外食店を利用するのが月に1、2回、多ければ週に1、2回もある家庭が珍しくない。外食の市場規模は今や25兆円にまで拡大し、人口一人あたりにするとアメリカの2倍の規模である。よく利用されているのは、食堂、ファミリーレストラン、焼き肉屋、回転ずし店などであるが、学校、企業、病院などでの給食の利用者も多い。飲食店は全国に72万店あるから、平均して70世帯に1店舗があることになる。東京で暮らし始めた外国人は、郊外の小さな駅前商店街にもヨーロッパの地方都市のそれを上回る数の外食店が繁盛していることに驚くそうである。これら外食、中食産業による食品の提供は基本的に個人が対象である。ファミリーレストランで家族がテーブルを囲み、全員が同じものを食べていることは珍しい。子供はステーキを食べ、親は刺身定食を食べるということが当たり前になり、その形態が家庭の食卓における家族バラバラ食へと移行することになるのである。

加工食品と外食の普及は日本人の食事作法や風俗も変えてしまった。日本の伝統的な食事作法では、立ち食いをすることや歩きながらものを食べることは不作法とされてきたのである。しかし、昭和46年、東京・銀座4丁目の三越百貨店内に開業したマクドナルドの1号店はテイクアウト専門店であった。人々は争うようにして買い求めたハンバーガーを、大勢の人が行き交う大通りの街灯の柱にもたれながら、あるいは歩きながら見せびらかすようにして食べた。その5年後には、三角コーンに入れたソフトクリームを嘗めながら原宿辺りのブティックを覗くのが流行した。スターバックスが日本に上陸すると、スタバのマークのついた紙コップを片手に歩くスタイルが格好よく見られた。

経済成長が絶頂期にさしかかっていた昭和45年ごろからは、豊かな食生活に飽きた若者は食べることをレジャー化し、ファッション化するようになった。昭和60年頃より、有名料理店や各地の名物料理を食べ歩くグルメッツアーが流行し始めた。すこし前のことになるが、フランス料理の有名なシェフ、ポール・ボキューズが経営するリヨンの店に、フランス料理を食べに行く日本の若い女性が増えたことがある。彼女たちは思い思いにおしゃれをして、有名シェフの料理を味わうというパフォーマンスを楽しむのである。そして、食事が終わると、挨拶に出てきたシェフと一緒に記念写真をとるのだそうである。これはレジャー化したグルメとでもいうべきものであろう。女性客に人気のあるレストランや料理屋では、料理の味よりも盛り付けの美しさ、店の飾りつけに凝るところが多いという。

これらはかつてブリア・サヴァランが追求した美食術、和食の改革者といわれた北大路魯山人が主張した食の美学などとは別のものであり、レジャー感覚、ファッシヨン感覚、あるいは情報感覚で楽しむグルメというものであろう。飽食に飽きた現代人のマニアックなグルマンディーズであると言ってもよい。

流行の洋服や音楽を楽しむのと同じ次元で、欧米の小じゃれたスナックやスイーツがファッションフードとして楽しまれている。初めは、マクドナルドのハンバーガーやケンタッキーフライドチキンであったが、その後は、ピザ、ジェラード、チーズケーキ、ワッフル、クレープ、ティラミスなどに変った。珍しいものを食べるというよりは、皆が食べているものが食べたいのである。そして、ごく日常的な食べ物である豆腐にまで「北海道産丸大豆と南アルプスの湧水を使い、瀬戸内海の天然にがりで固めた」などと仰々しい能書きをつけて有難がることが始まった。つぎつぎに、食べ歩きガイドブックが出版され、テレビの食べ歩き番組が増えている。B級グルメと称して、ラーメンや焼きそば、餃子などのおいしい店をインターネットで探して食べ歩くマニアも多い。有名パティシエの作るスイーツを食べ歩いてブログで批評するスイーツマニアも現れた。これなどは食べ物を情報化して楽しむグルメというべきであろう。このような現象は日本だけのことではないが、日本ほどこれらの現象が目立つ国はない。

寒さや害虫から身を守るという本来の機能から離れて、衣服が自己主張の道具に使われて衣装、ファッションになったのは理解できるが、命を守るべき食べ物をレジャーの対象にしたり、自己主張の道具にすることは決して感心できることではない。食べるものが常に保障されているという恵まれた現代ならではのことであり、食べものが不足していれば決して行われることのないことである。

6　食べ過ぎて肥満と生活習慣病が蔓延している

日本人の栄養状態が一番よかったのは昭和60年ごろである。戦後、我が国では米食中心、つまり澱粉質を多く食べる食生活から脱却して、肉類や乳製品など動物性食品を多く摂る欧米型の食生活に替えるよう食事指導が行われた。その結果、昭和60年ごろにはタンパク質、脂肪、糖質の摂取比率が理想的なバランスに収まるようになり、国民の体位が向上し、平均寿命は世界一になった。

私たちは健康で元気よく活動するために、どのような食事をすればよいのだろうか。厚生労働省が定めている「日本人の食事摂取基準」には、三大栄養素と主要なビタミンとミネラルについて一日に必要な「摂取推奨量」が、男女別、年齢層別に示されている。例えば、健康が気になりだした50～69歳の男性会社員であれば、一日に必要なエネルギーは２４００キロカロリーで、その50～70％を糖質（主に澱粉質）で摂るのが望ましい。タンパク質は60g、脂肪は多くても66g程度にするのがよい。

最近の国民健康栄養調査の結果からみると、日本人の平均的な栄養素摂取量は、老若男女の平均値をみるかぎりでは、カルシウムが少し不足していることを除いて、どの栄養素もその摂取推奨量を確保できている。だが、中高年層にはカロリーとタンパク質の過剰摂取があり、若年層にはカロリー不足、カルシウムと鉄が不足していることが気になる。

欧米諸国では一日に３０００キロカロリー以上もある食事を摂り、しかも肉料理が多いので脂肪の過剰摂取による肥満、高血圧症と動脈硬化が増え、心臓疾患が多発している。ところが、我が国ではご飯の量を減らしたといっても、まだまだご飯中心の食事であることには変わりはなく、そして、動物性タンパク源として肉ではなく魚を主体としてきたことがよかったのであろう。タンパク質の半分近くをご飯と脂肪の少ない魚から摂っていたから、脂肪の過剰摂取にならずに済んでいたのである。ところが、その後、ご飯の摂取量が急速に減少し、食肉の摂取が急増し、反対に魚の摂取が急減してきた。その結果、脂肪からのエネルギー摂取比率が、上限とされている25％を超えてきた。それと共に中高年者の肥満が増加し始めて、生活習慣病が蔓延してきたのである。肥満者の割合は30年前に比べると男性では50歳代で50％、60歳以上では倍近くに増えていて、30～69歳の男性は３人に１人が肥満であり、女性でも50歳以上になれば同じように肥満者が多い。

肥満になる主な原因はきわめて単純で、食物カロリーの摂取量が消費量より多すぎるからである。人類は誕生以来３００万年、絶えず食料不足に悩まされてきたから、人体の栄養代謝機能は飢えに耐えられるようにできている。食べられるときに余分に食べて体内に脂肪を蓄えておいて、飢餓になったときに備えるのである。人類を飢えから守り、ここまで生き残ることを可能にしたこの栄養代謝機能が、過食、飽食をする時代には適応できず、肥満を引き起こしている。地球上には飢えている人が10億人いるが、肥満者もまた10億人いるのである。

肉食を中心にして一日４０００キロカロリーもある食事をしていたアメリカでは、早くから肥満者が増え、それが原因して心臓疾患が多発していた。そこで、１９７５年、上院の栄養問題特別委員会はマクバガンレポートを取りまとめ、高カロリー、高脂肪の摂取を減らすように勧告した。日本でも、21世紀の健康管理目標を定めた「健康日本21」において、肥満者の比率を20～60歳の男性ならば15％以下に減らすことを勧告している。アメリカでは富裕層より貧困層に肥満者が多いこと、体重管理のできないビジネスマンは経営者に適しないとみられていることなどを考えると、肥満防止は今や、自己管理をする意思の問題になっているのである。

肥満が増えた今一つの原因は高齢者が激増したことである。昭和60年には日本の全人口の10％に過ぎなかった65歳以上の高齢者人口が、現在では27％に増えている。中高年者は壮年者に較べて基礎代謝量が少なくなり、運動量も減っているから、毎日の食事の量を若いころより2割ほど減らさなければ食べ過ぎになる。座っていることが多い50～69歳の男性ならば一日に必要なエネルギーは２０５０キロカロリーであるのに、平均して２２００キロカロリーも食べている。女性も50歳以上になると同様に食べ過ぎている。

ライオンは空腹でなければ、獲物が目の前を通り過ぎても襲うことはない。人間は空腹でもないのに食べるから、肥満が増え、肥満があらゆる生活習慣病を誘発するのである。国民健康栄養調査によれば、50～69歳の人は30～55％が境界型を含めた高血圧症、30～45％が高脂血症、20～30％が糖尿病である。これらの疾患に重複して罹っている人も多く、生活習慣病患者は人口の3分の1、約4000万人に達している。そして、これら生活習慣病を誘発する内臓脂肪型肥満「メタボリックシンドローム（内臓脂肪症候群）」になっている人が40歳以上で2000万人もいるのである。腹8分目に食べて健康に過ごすことを忘れ、食べ物が有り余るほどあるのをよいことにして欲しいままに食べることから、生活習慣病の蔓延が始まったのである。

若年層はどうかというと、朝は忙しいからと言って朝食をとらない若者が増えてきて、20歳代の独身男性では3人に1人、女性では5人に1人になっている。国民全体でみると13％の人が朝食を食べていない。朝食を抜くだけではない。20歳代から30歳代の男性のサラリーマンでは1割近い人が忙しいからと昼食を食べていない。一日に三回、きちんと食事をする人が少なくなり、忙しい20歳代の若者世代では男性は34％、女性は37％である。それどころか、一日に一食しか食べない人が男性で6％、女性で2％いる。また20歳代の女性には行き過ぎたダイエットをする人が多く、やせ過ぎになっている人が30年前の2倍に増えて8人に1人になった。

昔のように食料が乏しいから食べずに我慢しているのではなく、食べることが面倒であるから食べないのであり、規則正しく食事を摂ることが健康維持に欠かせないことを忘れているのである。その結果、20歳代では平均してみると男女ともにカロリー摂取量が所要量に比べて20％近くも足りないのである。空腹さえ満たせばよいと考えて、バランスの良い食事をすることを忘れているために、これだけ食料の豊かな時代でありながら若年層には栄養不足が起きている。昔は食事を十分に摂れるのは一部の権力階級か富裕階層だけであり、大多数の民衆は貧しくて満足な食事ができなかった。今は誰でも豊かな食事ができる社会でありながら、全く別の理由で飽食と栄養不足が共存しているのである。

飽食と運動不足の毎日を過ごし、加工食品や外食に頼る人任せの食生活を送っていると、当然ながら、自分の食生活に自信が持てなくなり、3人に2人は将来の健康に大きな不安を感じている。そこで、健康食品、サプリメントなどに飛びつく人が多い。健康食品とは、体の調子を整え、疾病を予防する健康増進効果（保健効果という）のある食品やカプセルや錠剤などである。現在、整腸作用、高血圧抑制、血糖値上昇抑制、体脂肪蓄積抑制などの効果があると証明されている特定保健用食品（トクホ）や古くから民間療法に使われてきた朝鮮ニンジンやすっぽん、ローヤルゼリーなど多数の健康食品やサプリメントが販売されている。

最近の調査によると、健康食品やサプリメントを毎月、数千円で購入し、日常的に利用している中高年者が3人に1人はいる。だから、健康食品全体の売り上げは年間2・5兆円を超えていて、主食である米の生産金額より多いという異常なことになっている。主食、主菜、副菜を基本にして栄養バランスの良い食事を規則正しく摂っていれば、食物繊維、EPA、DHA、イソフラボンなどは必要量を摂取できるから、わざわざ健康食品で補給する必要はない。また、補給してみても三度の食事をきちんと摂っていなければ効果は期待できない。健康食品さえ摂っていれば健康は維持できると安易に盲信し、毎日の食事を疎かにする「フードファディズム」は、まさに飽食、崩食の時代に咲いた実りなき仇花《あだばな》というべき食の思想であると言ってよい。

7　家庭で食事作りをすることが減った

我が国では明治時代になるまで料理をするのは男の仕事とされてきた。大名や旗本の屋敷、あるいは寺院の台所で、または料理屋で包丁を捌き、煮物を作り、盛り付けをする料理人はすべて男性であり、女性は洗い物など下働きをした。もちろん、一般の商家や農家で飯を炊き、味噌汁や漬物を作るのは女性であったが、それは食事の支度をすることであり、料理をするのではないと考えられていた。

ところが明治になって東京に官吏やサラリーマンの中流家庭が出現すると、主婦は炊事を女中任せにせず、女学校で習った調理実習や料理書、新聞、雑誌の料理記事などを参考にして毎日の献立を考えて料理をするようになった。しかし、その家庭料理は、朝は味噌汁、納豆、佃煮、漬物、昼は塩鮭、野菜の煮物、漬物、夕食には鯖の味噌煮、切干大根と油揚げの煮物、時にはコロッケ、トンカツ、カレーライスを食べる程度の質素なものであった。農村では江戸時代とさして変わらぬ食事を続けていて、麦飯と味噌汁、漬物、野菜の煮物が主であり、塩鮭や干物を食べるのは月に5、6回の贅沢であった。

洋風や中華風の料理が一般家庭の食卓に広く普及し始めたのは第二次大戦後、高度経済成長が進行していた昭和30年代から40年代のことである。米食に偏っていた和風の食事から脱却して、洋風の肉料理や乳製品を使う料理に替わったのである。当時の国民の貧弱な栄養状態を改善するため、政府はキッチンカーを全国に巡回させて肉や乳製品を使う欧米料理の作り方を紹介し、学校給食のメニューにも積極的に取り入れるよう指導したからである。

高度経済成長期には多くの若い男女が仕事を求めて農村部から都市部に移住してきた。親から離れて都会で新しい家庭をもった若い女性たちが、毎日の食事作りの参考にしたのはテレビの料理番組と女性雑誌の料理記事であった。それまで母親から娘へ、姑から嫁へと受け継がれてきた一汁三菜の和食はここで姿を消すことになった。若い女性に「おいしく手軽な料理作り」、「家族の健康を考えた食事作り」、「栄養のバランスのよい食事作り」を教える料理学校が各地に開かれた。家庭での食事作りは、家族への愛情の表現であるという意識が強くなったのは昭和40年代前半のことである。

そして、今一つ、当時の家庭食を大きく変えたのが学校給食である。第二次大戦後の深刻な食料難で悪化した児童の栄養状態を改善するため、昭和27年から小学校で給食が始まった。当時の学校給食では動物性タンパクや脂肪に富んだ洋風の献立が多く、パンとミルク、魚のフライ、マカロニサラダ、グラタン、カレー、八宝菜などの給食を、全国1500万人の児童、生徒が成長期の9年間、毎日食べたのであるから、児童たちの栄養改善に役立っただけでなく、家庭でのパン食の普及、料理の洋風化を促進することにもなった。

現在、家庭での料理作りにもっとも活用されているのは料理サイト、「クックパット」であろう。クックパットに収録されている料理レシピのほとんどは家庭の主婦が投稿したものである。それを見ると、現在の家庭料理は和風、洋風、中華風と多様になり、プロの料理人のそれと比肩できるほどに充実していることが分かる。家庭で食べている「おかず」を調査してみると、焼き魚、刺身、野菜の煮物、きんぴらごぼう、和え物、冷奴、味噌汁、漬物などの和風料理が少なくなり、ハンバーグ、とんかつ、魚フライ、ビーフステーキ、カレーライス、ビーフシチュー、グラタン、コロッケ、野菜サラダなどの洋風料理、餃子、鶏肉唐揚げ、酢豚、焼肉、麻婆豆腐、野菜炒めなど中華風料理が増えている。主菜は洋風、中華風で、副菜は和風という取り合わせも多く、どれも諸外国の料理を日本風にアレンジして家庭の定番料理にしている。世界のどの国でも家庭ではその国の民族料理を、しかも毎日同じような料理を食べていることが多く、日本のように外国風の料理が家庭にまでどっぷり入り込んでいる国はきわめて珍しい。そして、毎日の献立が日替わりで変わる日本の家庭料理の豊かさ、多彩さは世界に比類がないと言ってよい。

しかしながら、このように豊かで多彩な家庭料理が実現した一方で、家庭での食事作りと食事の摂り方について心配するべき現象が起きている。毎日、主婦が小売店や市場で生鮮食材を買ってきて、台所で長時間かけて調理し、それを家族そろって食べるという戦前の食事形態から、スーパーでまとめ買いをして冷蔵庫や冷凍庫に保存しておいた食材を使い、あるいは加工食品や調理済み食品を買ってきて食事作りを簡単に済ませ、あるいは家族一緒に外食店に食べに行くというように変化した。食事作りにかける時間は、便利な合わせ調味料や冷凍食品、あるいはレトルト食品などを利用することにより半減した。朝食を作る時間は平均して15分、3品か4品のおかずを作る夕食でも40分もあればよくなった。

それにもかかわらず、主婦が家庭で料理することが少なくなってきたのである。最近、朝日新聞が1700人のモニター調査をしたところ、主婦が毎日、三度、料理をしている家庭は3％と少なく、月に二、三回程度するのを含めてとにかく料理をしている家庭が60％しかなかったのである。家庭の夕食に一汁三菜を作ることは、10年前には週に3回であったが、最近では1回に減っているそうである。職業をもって働く女性が増え、夫婦共働き世帯は全国5300万世帯のうち1100万世帯を超えているが、食事作りは依然として8割近くが女性の分担になっている。そこで当然の成り行きとして、食事作りにかける手間と時間をできるだけ少なくしようとする。また、食事作りを家族への愛情であり、また義務でもあると考える女性が少なくなり、厚生労働省の調査によれば、毎日、三度の食事作りをする主婦は20歳代なら2割と少なく、30歳代から60歳代でも6割ほどに減っている。

別の調査によると、40年ぐらい前までは家族揃って家庭外で食事をすることはほとんどなかったが、最近では月に2～3回は家族が揃って夕食を外食店で摂ることが珍しくなくなった。また、外食と家庭内食の中間に位置する「中食」が増えて、食事は家庭で用意するものというこれまでの概念が大きく変わってしまった。持ち帰り弁当屋、コンビニ、スーパーなどで販売されている弁当、総菜、調理パン、おにぎり、寿司などの持ち帰り食品がビジネスマンや学生、高齢者などの昼食、夕食に重宝がられている。平成23年度の家計調査によると、家庭の食費の12％が中食に使われ、20％が外食に支出されている。両方合わせると32％にもなるが、40年前には家庭で調理して食べるのが普通であったからこの比率は10％であった。今では日常の食事の3割は家庭で調理をしないで食べているわけで、若年単身者なら7割にもなるという。アメリカでも食費のおよそ半分が家庭外で支出されているという。

何から何まで手作りすることは出来なくなった現代ではあるが、さりとて家庭の食事作りをこれほどまでに人任せにしていてよいのであろうか。料理店やレストランの料理は見ず知らずの客の求めに応じて作られるものであるが、家庭の料理作りは家族のことを考えて、愛情をこめて行うものであった。例え、それが粗末なものであっても母親が愛情込めて作る料理は、親子の絆を結ぶ「おふくろの味」であったが、それが失われようとしているのである。ＮＨＫのテレビ番組「きょうの料理」で、働く女性のために「20分で作れる夕食」を提案していた料理研究家、小林カツ代は、「家庭の料理はプロの料理人が作る料理とは違う。家族の健康や好みを考えて毎日作るものだから、100%おいしいものでなくてもよい。その代わり、誕生日やクリスマスなどには子供たちが大好きなものを作ってあげればよい」と言っていた。

たしかに毎日、食事作りをしていればマンネリになり、面倒で退屈な作業になるのかもしれない。食事作りをしなくなるのは、共働きの女性であれば時間がないからであろうし、老齢の主婦であれば体が不自由になり、料理をするのが億劫になるからであろう。加工食品、調理済みの食品を利用したり、外食店を利用したりすれば手軽でよいが、その代り、残留農薬のある野菜が使われていないか、遺伝子組換え大豆が使われていないか、と心配をしなくてはならない。家庭で調理するのでなければ、地元の野菜や魚を使う地産地消も実行できないし、有機栽培野菜を使い、食品添加物を使わないで食事を作ることも難しい。何よりも家族の体調に合わせた栄養コントロールが難しくなるのである。ハーバード大学のグループが調査したところ、家庭で料理にかける時間が長ければ長いほど、そのグループの肥満率は低くなっていた。家庭で料理することが減るにつれて、肥満とそれに誘発される生活習慣病が増えてきたのは当然とも言えるのである。

家庭料理には、家族においしい料理を食べさせてやろう、珍しい料理で驚かせてやろうという料理する喜びがある。じっくり時間をかけて作られた料理には、急いで食べてしまえないような何かがあるから、時間をかけて味わうことになり、食卓での会話も弾む。家庭ではおいしく作ることよりも、おいしく食べることのほうが何倍も大切である。一つの鍋の料理を分かち合って食べれば、私たちは一つの家族であると実感することができる。

おふくろの味と言えば、肉じゃががその第一位に挙げられるが、その味は家庭によってまちまちである。つまり、それぞれの人がそれぞれのおふくろの味を持っていて、自己のアイデンティティを確認しているのである。家庭の料理にそのような力があるというのは大げさかもしれないが、それほどの力はないというのも間違っているだろう。

しかし、家庭で料理をするについて問題になるのは、それを誰がするのかということである。家庭で料理をすることが大切だと考えるのであれば、料理をするのは女性の仕事という従来の観念にとらわれず、男性も、そして子供も料理作りに参加しなければならない。親が料理をしなければ、子供は料理を

第11図　レシピ探しはネット？　本？

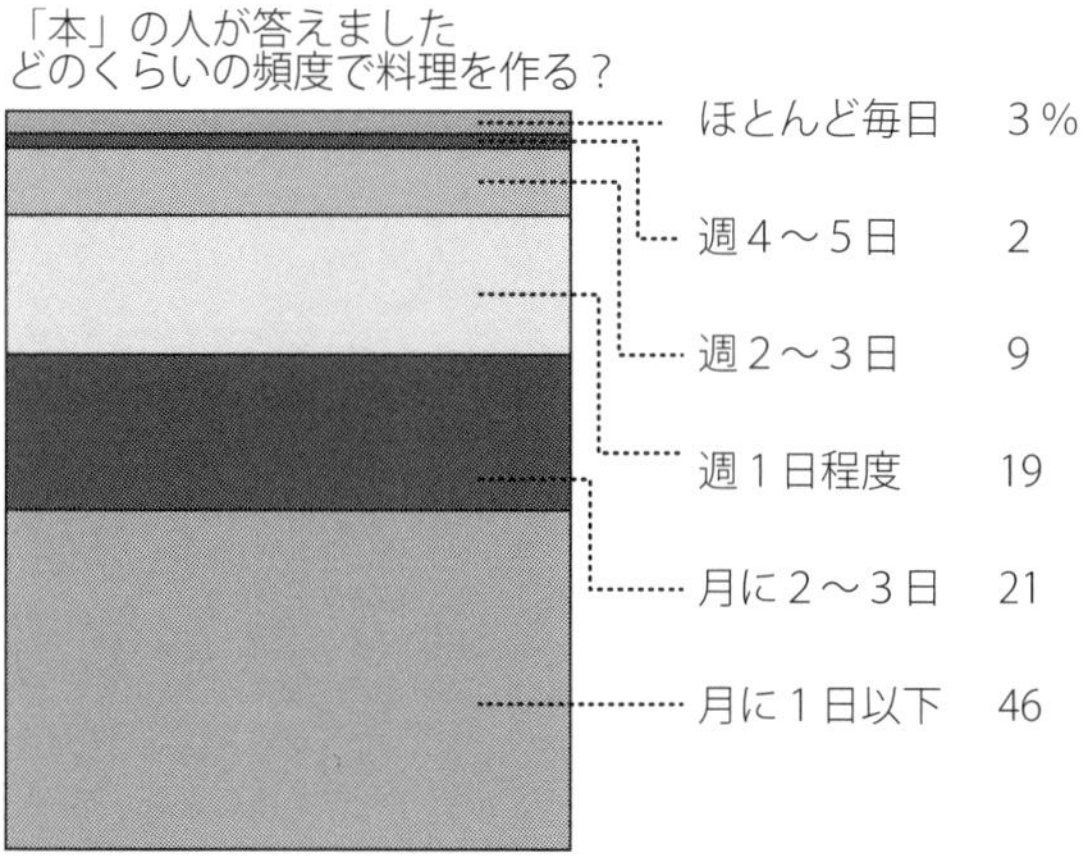

朝日新聞　beモニター調査、2017年３月16日を加工

第 12 図　健康づくりのための食生活指針

○食事を楽しみましょう。
・心とからだにおいしい食事を、味わって食べましょう。
・毎日の食事で、健康寿命をのばしましょう。
・家族の団らんや人との交流を大切に、また、食事づくりに参加しましょう。

○１日の食事のリズムから、健やかな生活リズムを。
・朝食で、いきいきした一日を始めましょう。
・夜食や間食はとりすぎないようにしましょう。
・飲酒はほどほどにしましょう。

○主食、主菜、副菜を基本に、食事のバランスを。
・多様な食品を組み合わせましょう。
・調理方法が偏らないようにしましょう。
・手作りと外食や加工食品・調理食品を上手に組み合わせましょう。

○ごはんなどの穀類をしっかりと。
・穀類を毎食とって、糖質からのエネルギー摂取を適正に保ちましょう。
・日本の気候・風土に適している米などの穀類を利用しましょう。

○野菜・果物、牛乳・乳製品、豆類、魚なども組み合わせて。
・たっぷり野菜と毎日の果物で、ビタミン、ミネラル、食物繊維をとりましょう。
・牛乳・乳製品、緑黄色野菜、豆類、小魚などで、カルシウムを十分にとりましょう。

○食塩や脂肪は控えめに。
・塩辛い食品を控えめに、食塩は 1 日 10g 未満にしましょう。
・脂肪のとりすぎをやめ、動物、植物、魚由来の脂肪をバランスよくとりましょう。
・栄養成分表示を見て、食品や外食を選ぶ習慣を身につけましょう。

○適正体重を知り、日々の活動に見合った食事量を。
・太ってきたかなと感じたら、体重を量りましょう。
・普段から意識して身体を動かすようにしましょう。
・美しさは健康から。無理な減量はやめましょう。
・しっかりかんで、ゆっくり食べましょう。

○食文化や地域の産物を活かし、ときには新しい料理も。
・地域の産物や旬の素材を使うとともに、行事食を取り入れながら、自然の恵みや四季の変化を楽しみましょう。
・食文化を大切にして、日々の食生活に活かしましょう。
・食材に関する知識や料理技術を身につけましょう。
・ときには新しい料理を作ってみましょう。

○調理や保存を上手にして無駄や廃棄を少なく。
・買いすぎ、作りすぎに注意して、食べ残しの無い適量を心がけましょう。
・賞味期限や消費期限を考えて利用しましょう。
・定期的に冷蔵庫の中身や家庭内の食材を点検し、献立を工夫して食べましょう。

○自分の食生活を見直してみましょう。
・自分の健康目標をつくり、食生活を点検する習慣を持ちましょう。
・家族や仲間と、食生活を考えたり話し合ったりしてみましょう。
・学校や家庭で食生活の正しい理解や望ましい習慣を身につけましょう。
・子供のころから、食生活を大切にしましょう。

文部省・厚生省・農林水産省、平成 12 年決定（呼称は当時のまま）

覚える機会がなくなり、次世代の家庭では料理をすることがますます少なくなるに違いない。いずれにしても、このように家庭の食事作りが少なくなることは本来のあるべき姿ではない。少なくとも日本とアメリカ以外の国々ではあまり見ることのない憂慮すべき状況なのである。そこで、文部省、厚労省、農水省は合同で「健康づくりのための食生活指針」を作成し、家庭の食事作りが健康管理のために大切であることを教えている。そして、手作りと外食や加工食品を上手に組み合わせ、地域の農産物を活用して栄養バランスのよい食事を作ることや、食卓の団欒を大切にして、積極的に食事作りに参加することなどを奨励しているのである。

8　食卓に家族が集まらない家庭は崩壊する

さらに、家庭内の食事について気になることが起きている。東京で親子一緒に暮らす家庭を調査したところ、毎日、家族がそろって夕食をしている家庭は3割強しかなかったのである。父親は残業、母親も勤めやパートに出ていて帰りが遅く、子どもはクラブ活動や塾通いで忙しいから、家族がバラバラに食事をしているのである。かつては家に帰らなければ食べるものがなかったが、今は外食店やコンビニなどを利用して何時でも好きなものを食べられる。空腹が満たされればよいと考えて、都合のよいときに一人勝手に食べるのであろう。

独り暮らしの人であれば食事を一人で食べる孤食であっても不思議ではないが、夫婦暮らしをしていても10％の夫婦は別々に食事をしている。親子一緒に暮らしていても個々バラバラに食事をしている家庭が16％もある。一人で朝食を食べている子供たちが26％もいるのは何故だろう。父親は朝早く出勤し、母親は洗濯やお弁当作りに忙しいから、子供は一人で食事をしなくてはならない。低所得の母子家庭などでは、親が夜遅くまで仕事をしているため、子供だけで夕食をすることが多くなる。家族がバラバラに食事をする個食や子食がこれ以上に増えると、必然的に夫婦や親子の会話と触れ合いが薄れていくことは否めない。この問題は突き詰めていくと、家族とは何かという大きな社会問題に発展する。

　ＮＨＫの放送文化研究所が16歳以上の男女を対象に全国で３６００人にアンケート調査をしたところ、できれば家族全員で夕食を摂りたいと思っている人は全体の60％であったが、若年層では38％と少なかった。このように、現代社会における食事

第13図　家庭で一緒に食事をしてますか

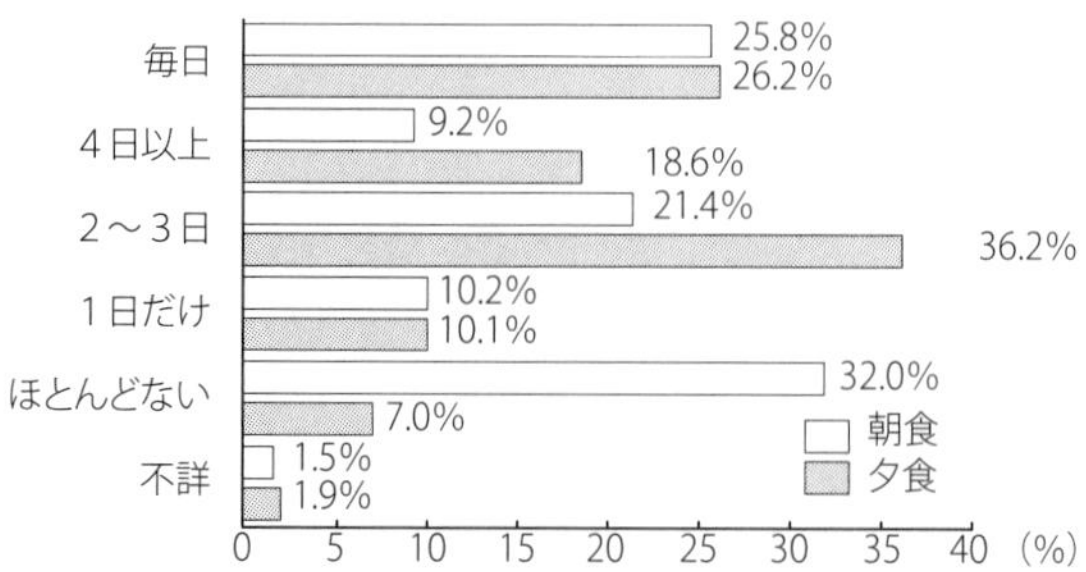

1週間のうち、家族そろって一緒に食事をする頻度
厚生労働省「平成21年度　全国家庭児童調査」より

観は一昔前のそれとは大きく違っているように思える。食事は家族と一緒に行うものという従来の考え方から離れて、「私のペースで」、「私のスタイルで」、自分勝手に食事を済ませる若者が増えていることは明らかである。外食店や調理済み食品などが手軽に利用できるようになったことがそれを可能にしたと言ってよい。

もっとも、食卓を囲んでの家族団欒が始まったのは、我が国では大正時代からであり、それ以前は台所に一人ずつの膳を並べて黙って食事をしていた。家の食事は重要な儀式であると考えられていた

第14図　家族の食事風景

江原絢子ら著『日本食物史』吉川弘文館　2009年より転載
橋本直樹著『大人の食育百話』筑波書房　2011年より転載

ので、膳の並べ方にも家長を上席として、長幼の序列があった。当然、食べながら私語をすることは許されないから、団欒というものはなかったのであるが、家族は一緒に食事をするものという規範は厳しく守られていた。

敗戦直後の食料難の時代には、家族は乏しい食料を分け合って暮らし、家族の中心は「食べること」にあった。世界のどの国でも、食料の乏しい時代には家族は一緒に食事をしたのであり、親は空腹を我慢しても子供には腹一杯食べさせようとした。暖かい食べ物が喉を通って胃に納まるとき、子供の心には親への信頼と感謝が生まれるのである。私たち日本人も、敗戦後の食料不足がようやく解消し始めた昭和30年代には、お茶の間のちゃぶ台を親子で囲み、一日の出来事を話し合いながら食事をしていた。食卓はその日のニュースや子供の学校での出来事などを語り合う貴重な場だったのである。食事を子供と一緒に摂ることは、食べものの好き嫌いを直して栄養管理をするだけではなく、生きていくのに必要な生活習慣を身につけさせ、家族の心のふれ合いをつくることでもあった。２００5年に制定された食育基本法においても、食卓での団欒を大切にして、家族一緒に食事をすることを奨励している。

食卓に家族が集まらなくなった家庭は、無機質になり崩壊しかねない。昭和64年、森田芳光監督が家族の崩壊を描いてヒットした映画「家族ゲーム」に登場する衝撃的な食卓シーンを覚えておられるだろうか。団地に暮らす夫婦と受験生の息子２人、それに松田優作が演じる家庭教師の若者が食卓に横一線に並んで黙って食事をしているのである。さながらレオナルド・ダビンチの名画「最後の晩餐」のようなワンシーンであり、家族の心がバラバラであり、心が通じ合わなくなっていることを暗示していた。ところが、それから30年経った今日では、食卓に家族全員が集まることすら珍しくなりかけているのである。

このように現代の家庭の食事には料理をする喜びや食べる楽しさが少なくなっている。スーパーマーケットで買ってきた食材や総菜をこれといった手間をかけることなく食卓に並べるのであれば、家族の好みや健康を考えて「料理をつくってあげる楽しさ」、「つくってもらう喜び」があるはずがない。一緒に食卓を囲んでいても会話がなく、黙々とテレビの画面を眺めながら食事をして、食べ終わればそそくさと食卓を離れてしまうのは、家族という桶の箍がはずれたアノミーな状態に他ならない。競争の激しい現代社会のなかで不安になりがちな人々にとって、安らぎの場ともなるべき家庭がこのようなバラバラ状態であってよいわけがない。

人間は料理をして、仲間と一緒に食べる動物であると言われているように、一緒に食事をすることは人間だけが行う重要な文化行為なのである。文化人類学者の研究によれば、人類は食べ物を分配し、一緒に食べることで家族、家庭という特有の集団を形成することができたという。食物を公平に分配することで家族や仲間の結束を維持し、食物を分かち与えることで愛情や友情を示して、人間関係を調整してきたのである。ファミリー（家族）とは大鍋を囲んで食べる人を意味し、一緒にパンを食べる人をコンパニオン（仲間）というではないか。食物を一緒に食べることは社会集団を形成する基本行為だったのである。食卓を囲んで、同じ料理を一緒に食べることは家族という絆をつなぐ重要な儀式であった。食べるということは人の社会生活、人のコミュニケーションをその基底で媒介してきた極めて文化的かつ社会的な行動なのである

昔の農村社会とは違って、現在の都市生活には学校、職場、施設、サークルなど、さまざまな共同体がある。人々はそれらの集団で一日を過ごすことが多いのだから、いつも家族と一緒に食事をするわけにもいかないだろう。自分の都合に合わせて一人で食事をする個食化現象がある程度まで進行するのは無理もないことではある。しかし、個食化現象がこのままどんどん進行するならば、家庭はどうなるのであろうか。家族とは別に一人で食事をする個食、独りで食べる孤食、子供だけで食べる子食という食事形態がこれほどまでに増えたことは、西欧諸国ではまだ見られないことであり、人類の食の歴史においてもこれまでなかったことである。このままでは家族という人類に特有の社会単位が崩壊するかもしれないのである。

よい家族を持っていることは、富や健康よりも大きな幸福感をもたらすという。いくら所属する社会集団が多くなっても、家族という基本的な共同体から離れるわけにはいかない。ところが、夫婦と子供という結婚によって成立した家族集団は、一緒に暮らし、一緒に食事をするという対面コミュニケーションを失えば、社会を構成する基本集団として機能しなくなりかねない。そうならないよう

に、忙しい現代の食卓の在り方を真剣に考えてみなければならない時である。何事もＡＩロボットとＳＮＳが代行してくれるのであろう無機質な近未来社会において、人間らしい主体性をもって生きるためにも、家庭の食事の在り方が再び重要になるに違いない。

9　飽食と崩食の混乱を改めるには

誰でも、いつでも、どこでも食べたいものが食べられる豊食の時代が到来したのは、欧米先進国においても、我が国においても20世紀半ばのことである。それまで人類は絶えず食料不足に悩まされていた。誰もが欲しいだけ食べられるということは、かつては願っても適えられなかった素晴らしいことなのであった。しかし、それから半世紀余を経るうちに、人々は豊かな食生活に慣れて、食べ物の大切さを忘れ、食べることをいい加減にするようになった。

我が国を例にしてみると、食料が自給できなくなったが、海外から安く買えばよいと安易に考えて、国内農水産業をすっかり衰退させてしまった。今でも、南アフリカの貧しい国々には10億人が飢えていて、国内でも一部の貧困世帯の子供たちは満足なものを食べさせてもらっていない。それなのに、大多数の日本人は有り余る食料を食べ残し、使い残して大量に捨てている。近い将来に世界規模の食料危機が訪れてくれれば、このように豊かな食生活は続けることができなくなると考えている人は少ない。

便利だからといって加工食品や持ち帰り弁当などに頼り、外食店を利用することが日常のこととなったので、家庭で料理をして、家族そろって食べることの大切さや喜びを見失ってしまった。好きなものを好きなだけ飽食しているから、中高年者には肥満と生活習慣病が蔓延している。若年層は忙しいからといって朝食を抜き、昼食、夜食を外食で済ませているから、栄養不足になっている人がいる。その一方で、各地の名物料理や珍しいスナック、スイーツなどを食べ歩く1億総グルメ時代となり、食べることがレジャーやファッションの対象にされている。

つまり、豊かで便利な食生活を自分本位で楽しむのが、当たり前のことになっている。かつて「あったら便利」と考えていた即席食品や調理済み食品も、いつの間にかそれがなければ困るようになった。これらのことが食生活の脱線状態を引き起こしているのである。現在の食生活は豊食から飽食という段階を通り過ぎて、食の本来あるべき姿から外れた崩食の様相を呈していると言ってよい。しかし、このように不自然な食生活をいつまでも続けていてよいわけはない。私たち一人一人がこのままではいけないと反省し、欲しいだけ食べる、あるいは自分勝手に食べる行動を改める必要があるのであるが、これが容易にできることではないのである。

幼児教育や行動心理学の専門家の研究によれば、人間の食行動や食習慣は幼児期や成長期に受けた教育や学習によって獲得されるものであって、一旦形成されてしまうと、たとえ、それがよくない行動であっても、改めさせるのは容易ではないという。生まれた時から食べ物がいくらでもあった若い世代に、食べものを大切にしなさいと言っても無理なのである。飽食、崩食状態になっている食生活を改めるには、それを改めれば大きな喜びや楽しみが得られるという動機付けが必要なのである。このことは、第二次大戦後に日本人の食生活が大きく変化した原因を考えてみるとよく解る。敗戦後の数十年というごく短い期間に、日本人はそれまでの米飯と野菜、魚を食べていた食事を改め、パン、肉料理、乳製品などを多く摂る洋風の食事をするように変わった。それは当時の日本人の劣悪な栄養状態を改善するために政府が実施した栄養指導の成果であったが、それだけではなかった。一度でよいから欧米風の豊かな食事をしてみたいという当時の民衆の強い願望があったからである。

敗戦後の深刻な食料難に苦しんでいた当時の日本人の憧れは、アメリカ市民の豊かな食生活であった。当時、朝日新聞に連載されていたアメリカの家庭漫画「ブロンディー」に人気があった。金髪の美人ブロンディーの剽軽な夫、ダグウッドが大きな冷蔵庫からハムやチーズ、ジャムなどを取りだし巨大なサンドイッチを作って食べる光景を、それこそ生唾が出るのを我慢して見ていた記憶が今も鮮明に残っている。マクドナルドのハンバーガーやコカコーラなど「アメリカの味」は人々に大きな驚きを与えた。それまでに経験したことがないような鮮烈な食の驚きと喜びが大きな動機になって、日本人の食生活が急速に洋風化したのであった。

ところが、現在、飽食、崩食状態にある食生活を改めなければならないと反省する動機となるものは、身辺に見当たらないのである。大多数の日本人は豊かで便利な食生活に満足していて、それを改めることは望んでいない。無益な飽食、不自然な崩食を慎まなければならないと考えている人は少ない。今後、世界規模の食料危機が襲ってくれば現在のような豊かな食生活は続けられなくなるとしても、それはまだ遠い将来のことと考えているのである。

だからといって、現在のように飽食、崩食という混乱した食生活をいつまでも続けていてよいわけはない。今はよいとしても、将来のことを考えると不安なことが多い現在の食生活をどう考えたらよいのであろうか。かつて食料が不足していた時代には、乏しい食料を分け合い、大切に食べる倫理があった。世界中どこの社会においても、食べものはみんなで分かち合うものとみなされていて、独り占めすることは非難されたのである。より多くの人で分け合って食べられるように、一人一人がもっと食べたいという欲求を我慢していた。ところが、食料不足が解消して、誰もが食べたいだけ食べられるようになった現在では、食べることに人の目を気にすることなく、自己主張ができるようになった。今、食べることについて一番重視していることをアンケート調査してみれば、美味追求、健康志向、安全・安心、食卓の団欒、経済性、便利性などと多様な答えが返ってくるだろう。つまり、食べることに対する価値観が多様になり、そのために食の全体像が混乱しているのである。

このように、食べることに対して自己主張をすることは個人の自由であろうが、それが過剰になってエゴイズムに陥ることになり、社会全体としての食の公益性を損なうことは許されない。食事をするために自己を抑制して社会と同調することは、原始以来、人間だけが身につけてきた社会性なのである。現在の私たちは食べるということについて必要とされる社会への配慮を失いかけている。私たちは食べるものを自給自足しているのではなく、多くの人たちが苦労して生産したものを食べさせてもらっているのだということを忘れてはいけない。みんなが支え合って生産したものは、みんなで分かち合い、心を通い合わせて食べるのが道理である。連帯と共助の精神、それが今後必要とされる食の倫理というものではなかろうか。

国内農業を応援するために、値段は高くても地場の農産物を買っている人は少なくない。手間はかかるが、安全で安心できる有機栽培農産物を提供している農家もある。自宅の空き地や市民農園で野菜作りをすれば、農家の苦労がよく理解できる。規格外れや賞味期限間近の食品を恵まれない人々に配る「フードバンク」活動が始まっている。親が夜遅くまで働いているので、お腹を空かせて待っている子供たちのために「子ども食堂」を開いているボランティアがいれば、一人暮らしの老人たちの栄養状態を気遣って「まごころ弁当」を届けている地域活動家もいる。家庭で料理をする主婦が少なくなったことは事実であるが、これまでどおり家族のために愛情をこめて食事作りをしている主婦も多い。みんなで支え合い、分かち合って食べることは大切なのである。

10　未来の食の在り方を考える

これからの社会においては、食べることはどのようになるのであろうか。私たちは食料とどのように関わり、食べるということにどう向き合っていくことになるだろうか。

私たち日本人は第二次大戦後の深刻な食料不足を解消するために、化学肥料と農薬を活用して食料の増産を行い、それでも足りない食料は海外から輸入して補った。米食に偏った栄養バランスの悪い食事を改め、肉料理、乳製品の多い洋風の食事を摂って、栄養状態を改善した。家庭での料理作りの負担を軽減するために、便利な加工食品や即席食品を数多く開発してきた。そのお蔭で、誰もが豊かで、便利な食生活を享受できるようになったのである。

ところがその後の半世紀、予想もしなかった事態が起きてきた。これまで不足していた食料がにわかに過剰となったがために、思わぬ食生活の混乱を引き起こしたのである。国内の農水産業が衰退し、食料自給率が40％にまで低下した。家庭の食生活においても、食料の無駄遣いが増え、食べ過ぎによる肥満者が増えて、生活習慣病が蔓延し始めた。料理をすることが人任せにされ、個食やバラバラ食、子供だけの食事が増えて、食卓の団欒が少なくなってきた。豊食はいつの間にか飽食になり、食が本来、在るべき姿を外れた「崩食」になることを知らされたのである。いずれもこのまま放置しておいては、私たちは自らの食行動に責任を持つことができなくなるに違いない。
私たちは豊食を求め過ぎて、飽食に陥り、自分勝手に食べて崩食ともいうべき「食生活のほころび」を招いてしまったのである。つまり、これは、私たちが食に関する欲求を野放しにして、止めどもなく肥大させた結果に他ならない。このような食の本来あるべき姿からかけ離れた事態を解消するのに必要なものは、私たちの心の内面にある道徳律、食の倫理ではないだろうか
そもそも、２４００年の昔、ギリシャの偉大な哲学者、アリストテレスは、どのように食べるかということは人間の倫理の問題であると考えて、過度になるでもなく不足するでもない「中庸、メソテース」を基本とすることを教えてくれた。中庸とは両極端の中間を知る徳性であり、食における中庸の在り方として推奨されるのが節制なのである。人間らしく食べることを考えることは、人が人である所以を考えることであると説いたのである。ヒポクラテスは、善き食生活をするには、常に自分を省みる知恵が必要だと教えている。アリストテレスやヒポクラテスがどのような食生活をしていたのか知ることはできないし、まさか今日の食の混乱を予想していたわけでもあるまいが、食の欲望にはブレーキをかける必要があることを早くから予想していたことに驚かされる。我が国でも鎌倉時代の文筆家吉田兼好は、「徒然草」の第百二十三段において、衣食住の欠けざる（欠けていないこと）を「富めり」とし、それ以上のものを求めることは「奢り」であると戒めている。
ところが、近年、食の欲望を節制することはすっかり忘れられているのである。古代、中世には食

べるものが常に不足していたから、人々は食の欲望を節制しなければならなかった。私たちの先祖は、もっと食べたい、もっとおいしいものを食べたいという欲望を、さまざまな社会規範を設けて節制することにより、乏しい食生活に耐えてきたのである。

ところが、人類を長らく悩ましてきた食料不足がようやく解消した現在、私たちは豊かになった食料にどう向き合うのがよいのかという新しい論理をまだ見つけていない。

これまでは食べ物が足りないから節約してきたのであるが、現在は有り余る食べ物をいかに節約するかということが問題になる。足りないものを節約することは誰でもするが、余っているものを節約することは誰もがすることではないから、この違いは大きい。例えば、肥るから食べない、あるいは体によくないから食べないという理由で食欲を節制している人が多いが、近い将来、このような規範が外れてしまう可能性はないであろうか。杞憂かもしれないが、止めどのない食の欲望の開放がこれ以上に進んだらどうなるのであろうか。今後の食の倫理に求められる課題はここにある。

とにかく、現在の豊かで便利な食生活と必要な食料を、将来も持続して確保できるように対処することが、私たちの世代に与えられた責務になる。いくら科学技術が進歩しても、食料を人工的に作ることはできないし、食べることが不要になるわけではない。かつての貧しく、不便な食生活で我慢しようとする人はいないであろう。戦前、戦後の食料不足を解消して、豊かで便利な豊食の時代を実現したのは私たちより一世代前の人たちの努力の成果であるが、飽食、崩食といわれる混乱状態を引き起こしたのは私たちの世代のわがままな食行動である。だからこそ、私たちはこれ以上に豊かな食料を求めてはならない、必要以上に便利な食品を求めてはならない。食料が有り余っていても無駄に食べてはならず、勝手気ままに食べてはならないのである。私たちが食の欲求をコントロールすることを忘れたとき、市場に溢れている豊かな食料は虚しい余剰となるほかはない。

今日、重要なのは、食についての行き過ぎた個人主義を超えることである。自己を抑制し、社会と同調することは、人間が仲間と一緒に食べるということを通じて身につけた社会性である。私たちの食べる欲求をコントロールしている要因には、空腹や栄養など生物的欲求レベルの問題、嗜好や経験など個人レベルの問題、そして文化や経済など社会レベルの問題がある。今や、食べるという行為は生物として生きるという営みを超えて、人間としてどのように生きるかという倫理の問題になり、それも個人だけのことにとどまらず、社会全体として考えるべき問題になっている。例えば、私たちが欲しいだけ食べ、惜しげもなく浪費している食料は、すべて地球自然の産物であり、全人類の大切な共有資源であるから、先進国の人々も、後進国の人々も平等に分け合って食べるべきものである。いまでも、南アフリカの貧しい途上国には飢えに苦しんでいる人が10億人もいる。それなのに、世界人口の2％を占めるに過ぎない日本人が、世界の輸出食料の10％を消費していることなどは許されることではないだろう。

私たちの誰もが、多量の輸入食料に依存した豊かな食生活を今後も末永く続けられると思っているが、そうではないのである。現在のように物質的には豊かであっても精神的にはそうでもないアンバランスな食生活を漫然と過ごしていては、必ず近いうちに取り返しのつかない事態が起きる。そうならないように、私たちは飽食、そして崩食と言われている現在の乱れた食生活を考え直さなければならないのである。これまでの人々はその時々の食の充足を願って食べていればよかったが、私たちは将来の食の安泰を考えて、毎日の食生活をコントロールすることを求められている。

今後、どのように食べることに向かい合えばよいのかということは簡単には答えが見つからない問題ではある。しかし、どのように食べるのがよいのかと、考えることができるのは人間だけに与えられた特権である。これでよいのかと絶えず考え続けるところに、必ずや今後の食の在り方が見えてくると信じている。

終わりに　あなたは何を考えて食べていますか

あなたは何を考えて食べていますかと尋ねると、多くの人は別に何も考えていないと答える。誰もが食べることに不自由をしていないし、食べたいもの、おいしいものを好きなだけ食べているからであろう。食料が有り余るほどにあり、便利な食品も数多くあるのだから、これでよいと考えているのであろう。あるいは、何を考えてよいのか分らないのかもしれない。

しかし、何も考えないで漫然と食べていると、困ったことが起きてくる。人間は大昔から食べものや食べることに絶えず苦労してきたから、命をつなぐために食べるという日々の営みの中に特別の意味や役割を託してきた長い歴史がある。豊食、飽食が思うままにできるようになった今日であっても、考えなければならないことは多いのである。

現在の豊かな食生活をどのように考えて享受すればよいのかを探るには、農業や牧畜の将来、食品の加工や調理の課題など、食べることの現象面を観察するだけでは不十分であり、食べることに関する人間の欲望や行動心理など、内在的な心の問題を考えてみなければならない。食べるものが豊かになるとともに、食べる欲望も多様になっているからである。著者はこれまで日本の食文化を社会学の立場から研究してきたが、何か大切なことを見落としてきたように思えてならないので、今回は食べることに向き合う心の問題、つまり「食べる思想」というものを取り上げてみたのである。

現代社会を生きる私たちにとって、食べるとはどのようなことであろうか。私たちは食べるものとどのように関わり、食べることにどう向き合っていけばいいのだろう。食べるものが有り余るほどに豊かになり、食生活が多様になった今日、食べるということにどのような意味や役割を期待すればよいのであろうか。言うなれば、現代人の複雑な心の内部に立ち入って、21世紀において食べることに向き合う思想を探ることは、行動心理学者でもなく、臨床哲学者でもない著者にとっては予想した以上に骨の折れる仕事になった。

漸くにしてまとまったこの著作を刊行してみたのは、世間の人々は飽食、崩食と言われている現在の食生活をどのように考えておられるのか、知りたいからである。すべてのことに価値観が多様になっている現代の私たちにとって、「食べることにはどのような社会的意義や役割があるのか」という問題は、すぐに答えが見つかるようなシンプルなものではない。本書で取り上げた過去や現在の食の事例を参考にして、今後の食の課題についてじっくりと考えてみようと思ってくださる読者が多いことを期待する。

「答えのない問いが満ちている。
しかし、それに気づくには世界を新しい目でながめる必要がある」
文化人類学者　山極寿一

末尾になりましたが、この著作の主旨に賛同していただき、出版を引き受けていただいた筑波書房代表取締役　鶴見治彦氏に厚く感謝いたします。

平成29年　秋分の日に

著者

参考資料

筑波常治著『日本人の思想』三一新書　三一書房　１９６１年
鯖田豊之著『肉食の思想』中公新書　中央公論新社　１９６６年
石毛直道編『世界の食事文化』ドメス出版　１９７１年
筑波常治著『米食・肉食の文明』ＮＨＫブックス　日本放送出版協会　１９７１年
貝原益軒著　松田道雄訳『養生訓』中公新書　中央公論新社　１９７７年
鯖田豊之著『肉食文化と米食文化』講談社　１９７９年
石毛直道著『食事の文明論』中公新書　中央公論新社　１９８２年
円地文子著『食卓のない家』新潮文庫　新潮社　１９８２年
田口重明著『食の周辺　食文化論へのいざない』建帛社　１９８２年
中村璋八・石川力山・中村信幸訳著『作る心　食べる心』第一出版　１９８０年
井上忠司・石毛直道編『食の文化フォーラム　食事作法の思想』ドメス出版　１９９０年
中村璋八・石川力山・中村信幸訳著『典座教訓・赴粥飯法』講談社学術文庫　講談社　１９９１年
熊倉功夫・石毛直道編『食の文化フォーラム　食の美学』ドメス出版　１９９１年
熊倉功夫・石毛直道編『食の文化フォーラム　食の思想』ドメス出版　１９９２年
山本博史著『現代食べもの事情』岩波新書　岩波書店　１９９５年
柳田友道著『食を取り巻く環境』学会出版センター　１９９６年
堀越恭一著『中世ヨーロッパの農村社会』山川出版社　１９９７年
小林博之著『食の思想　安藤昌益』以文社　１９９９年

豊川裕之編『食の思想と行動』味の素　食の文化センター　１９９９年
河合利光編著『比較食文化論』建帛社　２０００年
葛西奈津子編著『21世紀に何を食べるか』恒星出版　２０００年
ジャン・フランドラン、マッシモ・モンタナーリ編　宮原信・北代美和子監訳『食の歴史』藤原書店　２０００年
安本教伝編『食の倫理を問う』昭和堂　２０００年
マーヴィン・ハリス著　板橋作美訳『食と文化の謎』岩波現代文庫　岩波書店　２００１年
石川寛子・江原絢子編著『近現代の食文化』アイ・ケーコーポレーション　２００２年
中村靖彦著『食の世界にいま何が起きているか』岩波新書　岩波書店　２００２年
朝日新聞「食」取材班『あした何を食べますか？』朝日新聞社　２００３年
足立恭一郎著『食農同源』コモンズ　２００３年
ブリュノ・ロリウー著　吉田晴美訳『中世ヨーロッパ　食の生活史』原書房　２００３年
鷲田清一編著『食は病んでいるか』ウエッジ　２００３年
21世紀研究会編『食の世界地図』文春新書　文藝春秋社　２００４年
原田信男著『日本の食文化』放送大学教育振興会　２００４年
森枝卓士・南直人編『新・食文化入門』弘文堂　２００４年
今田純雄編『食べることの心理学』有斐閣選書　有斐閣　２００５年
西江雅之著『食の課外授業』平凡社新書　平凡社　２００５年
ブリア・サヴァラン著　関根秀雄・戸部松美訳『美味礼賛』岩波文庫　岩波書店　２００５年
ＮＨＫ放送文化研究所編『崩食と放食』生活人新書　日本放送出版協会　２００６年
伏木亨・山極寿一編著『いま「食べること」を問う』農山漁村文化協会　２００６年

宮崎正勝著『知っておきたい食の世界史』角川ソフィア文庫　２００６年
原田信男著『食べるって何』ちくまプリマー新書　筑摩書房　２００８年
山極寿一著『人類進化論　霊長類学からの展開』裳華房　２００８年
石毛直道著『石毛直道　食の文化を語る』ドメス出版　２００９年
フェリペ・アルメスト著　小田切勝子訳『食べる人類誌』早川・ノンフィクション文庫　早川書房　２０１０年
ポール・ロバーツ著、神保哲生訳『食の終焉』ダイヤモンド社　２０１２年
畑中三応子著『ファッションフード、あります』紀伊国屋書店　２０１２年
山極寿一著『家族進化論』東京大学出版会　２０１２年
エヴァン・フレイザー、アンドリュー・リマス著　藤井美佐子訳『食糧の帝国』２０１３年
熊倉功夫編『日本の食の近未来』思文閣出版　２０１３年
リチャード・ランガム著　依田卓巳訳『火の賜物』ＮＴＴ出版　２０１３年
マイケル・ポーラン著　野中香方子訳『人間は料理をする』ＮＴＴ出版　２０１４年
石毛直道著『日本の食文化史』岩波書店　２０１５年
河上睦子著『いま、なぜ食の思想か』社会評論社　２０１５年
佐藤洋一郎著『食の人類史』中公新書　中央公論新社　２０１６年
ユヴァル・ハラリ著　柴田裕之訳『サピエンス全史』河出書房新社　２０１６年
ルース・ドフリース著　小川敏子訳『食糧と人類　飢餓を克服した大増産の文明史』日本経済新聞出版社　２０１６年
ビー・ウイルソン著　堤理華訳『人はこうして「食べる」を学ぶ』原書房　２０１７年
山田和著『魯山人　美食の名言』平凡社新書　平凡社　２０１７年

橋本直樹著『見直せ　日本の食料環境』養賢堂　２００４年
橋本直樹著『食品不安　安全と安心の境界』生活人新書　日本放送出版協会　２００７年
橋本直樹著『大人の食育百話』筑波書房　２０１１年
橋本直樹著『食卓の日本史』勉誠出版　２０１５年

著者略歴

橋本 直樹（はしもと なおき）
京都大学農学部農芸化学科卒業　農学博士　技術士（経営工学）
キリンビール㈱開発科学研究所長、ビール工場長を歴任して
常務取締役で退任　㈱紀文食品顧問
帝京平成大学教授（栄養学、食文化学）
現在　食の社会学研究会代表

主な著書
『食の健康科学』（第一出版）、『見直せ　日本の食料環境』（養賢堂）
『日本人の食育』（技報堂）、『食品不安』（NHK出版、生活人新書）、
『ビール　イノベーション』（朝日新聞出版、朝日新書）、『大人の
食育百話』（筑波書房）、『日本食の伝統文化とは何か』（雄山閣）、
『食卓の日本史』（勉誠出版）など

食べることをどう考えるのか
現代を生きる食の倫理

2018年1月28日　第1版第1刷発行

著　者　橋本 直樹
発行者　鶴見 治彦
発行所　筑波書房
東京都新宿区神楽坂2－19 銀鈴会館
〒162－0825
電話03（3267）8599
郵便振替00150－3－39715
http://www.tsukuba-shobo.co.jp
定価はカバーに表示してあります

印刷／製本　中央精版印刷株式会社

ISBN978-4-8119-0524-2 C0061